圖解版

有趣到睡不著

趣味地球科學

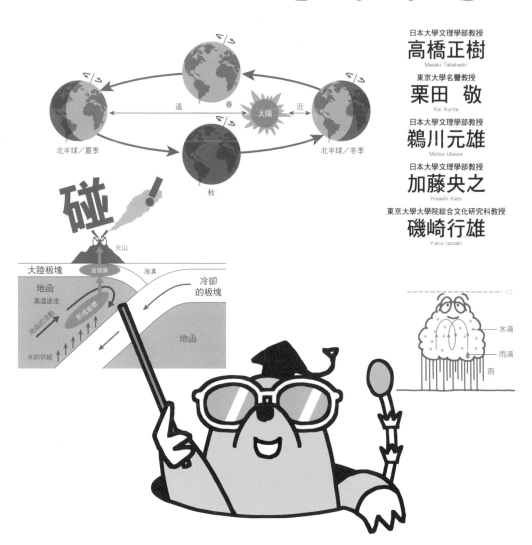

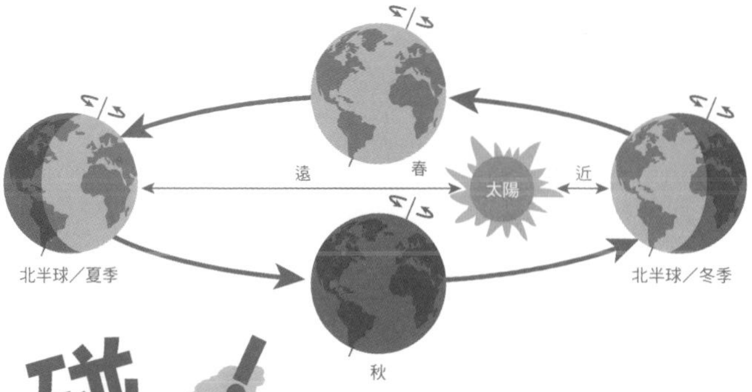

日本大學文理學部教授
高橋正樹
Masaki Takahashi
東京大學名譽教授
栗田 敬
Kei Kurita
日本大學文理學部教授
鵜川元雄
Motoo Ukawa
日本大學文理學部教授
加藤央之
Hisashi Kato
東京大學大學院綜合文化研究科教授
磯崎行雄
Yukio Isozaki

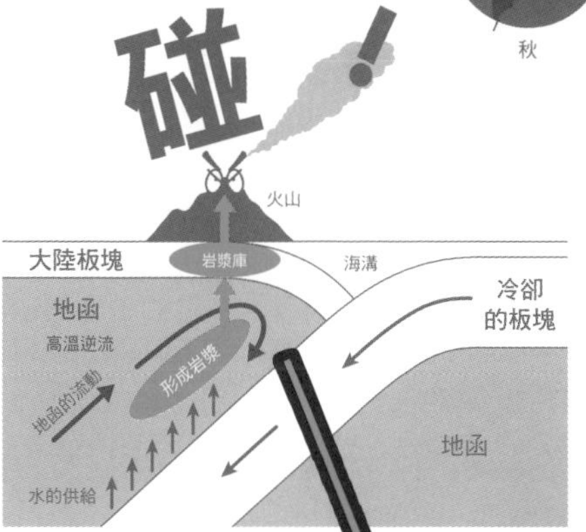

序

各位可知6400km是什麼樣的距離？從東京到宇都宮之間的距離約為100km，6400km就是它的64倍。此外，日本本州的總長雖因測量方式而有不同，但大約為1300km，所以6400km是它的5倍。因此，這距離絕對不短，但也稱不上非常長。

實際上，6400km是地球半徑的長度。或許有人會驚呼：「咦，地球這麼小啊！」沒錯，地球真的是一個很小的行星。

46億年，1年的46億倍。如此漫長的時光，就是地球的年齡。據說宇宙的年齡是138億年，與此相比，地球還算年輕，但也已走過相當悠遠的光陰。

長時間生存著的小星球，這就是我們的地球。

這個地球，可不是失去活力的死寂行星。它不斷發生地震，動搖著大地；時而有火山爆發，噴出灼熱的岩漿。颱風侵襲時，強風及豪雨肆虐；而大地也孕育著我們生活必需的石油、煤炭等能源，以及各式各樣的金屬資源。

這些現象，都是地球內部的能源活動、或來自太陽的能源所導致。地球充滿豐沛的能量，簡直就是充滿活力的星球。

地球大部分由固體地球組成，周圍由流體地球所環繞。流體地球由水圈及大氣層構成。水是賦予地球特徵的物質，因此，地球又被稱為水行星。

大氣層中，空氣濃厚且會發生氣象現象的對流層，其厚度僅有10 km。和地球的半徑相比，這儼然只是薄薄的一層皮。然而，我們就是被夾在這圈大氣層和固體地球的表面之間，生存的空間相當狹小。

你可曾知道地球的半徑只有6400km？我們身為這個小巧的行星「地球號太空船」上的船員，漂浮在黑暗而廣大的宇宙中，不能對地球的事情一無所知。

各位或許在國、高中時期就學過地球科學。地球科學可以讓我們了解地球上各式各樣的事，然而，這門學科的分類十分繁雜，要詳盡地了解其全貌不是不可能，但確實非常困難。本書不是一本將地球科學的種種分類，以有體系的方式條列的教科書。本書挑選了49個有趣的主題，輔以插圖解說，盡可能以說故事的方式介紹給讀者。

本書的組成分為Part 1「地球物理學」、Part 2「火山學」、Part 3「氣象學」和Part 4「地質學」，直接採用一般的領域名稱做為各章節的命名。附帶一提，本書並未囊括地球科學的所有領域。

本書的內容雖然力求淺顯易讀，但執筆者都是活躍於各領域的第一線研究

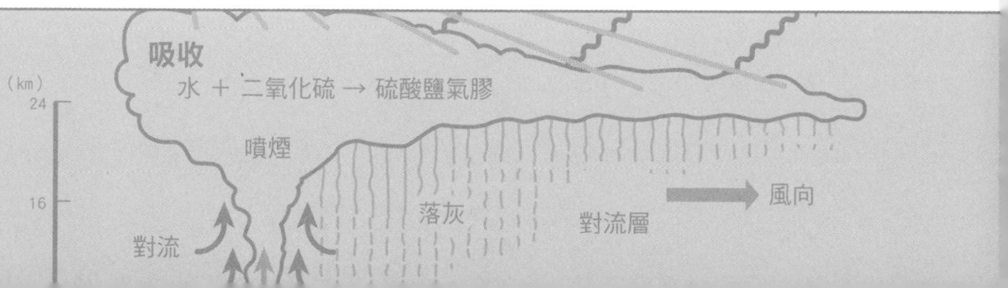

者。一共有5位研究者參與，才成就了這本小小的書，內容相當緊湊精實。

如果各位讀了這本書，對地球科學的相關學問產生興趣，請一定要繼續針對有興趣的領域深入學習。本書可謂是地球科學的入門，歡迎打開這扇門，進入地球科學這個驚奇的世界。

最後，要再次感謝企劃本書的日本文藝社書籍編輯部的坂將志先生，充滿熱情、參與本書編輯的米田正基先生，以及負責精美插圖與書籍設計的室井明浩先生。

2019年3月

作者代表 高橋正樹

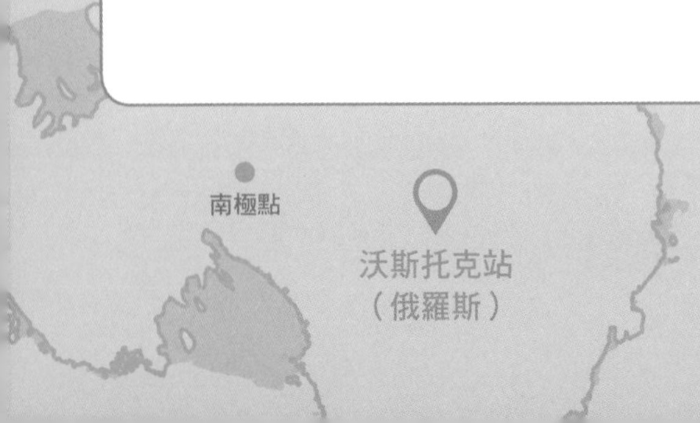

有趣到睡不著
趣味**地球科學** 目次

Part 2 火山學

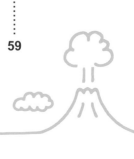

PART 3

氣象學

PART 4

地質學

PART 1

地球物理學

近日點
北半球
・夏至
2.067×10⁸km
2.492×10⁸km
5
8
10
11
12
1
2
0
30
60
90
120
150
180
210
240
300
330

01 地球如何誕生？

由多種隕石分2階段合體而成

太陽系大約在距今46億年前形成。包括太陽在內，太陽系的其他行星也同時誕生。**最初是星雲間的氣體開始旋轉並濃縮，最終形成中心星球太陽以及在周圍繞行的圓盤狀雲，並從圓盤內的氣體中結晶出固體塵埃。這些塵埃透過相互碰撞合體，在短時間內形成岩石、微行星，進一步成為行星或衛星（圖1）**。無法成為行星的小行星、隕石或月亮石等，其最早的年齡均是46億年前，因此被視為是形成太陽系的年代。

但是，地球卻沒有留下這麼久遠以前的紀錄。這是因為地球有其他行星沒有的板塊構造運動（參照本書P59），舊的岩石經常會被新形成的岩石所取代。**地球目前所知最古老的岩石位於加拿大北部，大約在40億年前形成。而最古早的物質，是距今43億7000萬年前的鋯石礦物粒（圖2）。由此也能間接推測出地球的年齡約為46億歲。**

科學界對地球岩石的化學成分已有充分研究，且經常與形成行星的物質（即隕石）相互比較。科學家發現，**在各類隕石中，地球岩石與特定類型的隕石（頑火輝石球粒隕石）關係較為接近**。

不過，這種類型的隕石中，完全不包含能夠形成大氣或海水的微量元素。因此，如果只有頑火輝石球粒隕石，無法形成現在的水行星地球。可見，形成地球的大氣與海水的氫及其同位素（除氫以外還有重氫和超重氫）

之組成，乃是另有起源（碳質球粒隕石）。

由此可知，**地球的形成分為2階段，首先是由頑火輝石球粒隕石聚集形成岩石及金屬，接著再加上碳質球粒隕石**。實際派遣偵察機到太陽系中探查的結果，發現地球軌道周圍雖然也有頑火輝石球粒隕石分布，但在火星外圍的小行星帶中，卻只有外側的隕石包含了氫等揮發性成分。因此，我們有必要假設，**在初期太陽系的圓盤星雲中，可能發生過大規模的物質移動**。

順帶一提，地球的兄弟行星：水星、金星及火星，其形成方式應該也是相同的。

另一方面，位於較外圍的木星、土星等氣態巨行星，以及更外側的天王星、海王星等冰巨行星，在形成的過程中，會因為與太陽的距離遠近不同，而反映出不同的物質穩定條件。

圖1　常規太陽系形成模型（京都模型）

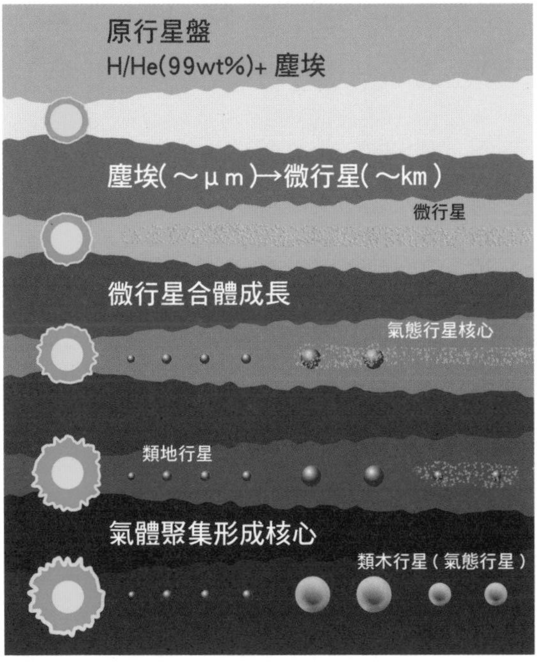

圖2　最古老的物質
鋯石顯微鏡照

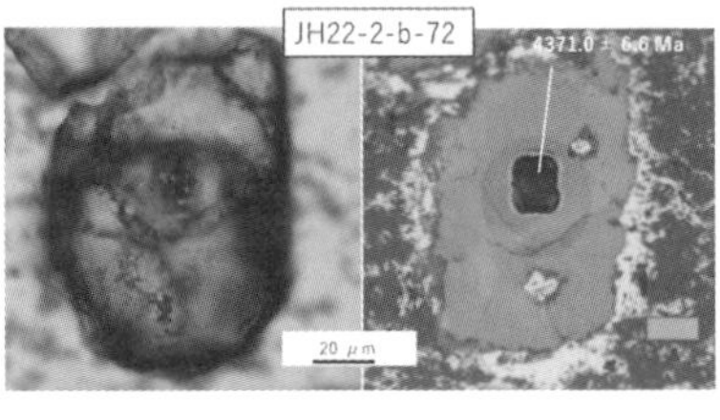

02

PART1 地球物理學

圍繞太陽的行星，為何公轉軌道為橢圓形？

發現行星的橢圓運行軌道可謂科學革命

「地球是以太陽為中心，繞著圓形軌道而行。」

這是天大的誤會，正好利用這個機會來更正。17世紀的天文學家約翰尼斯・克卜勒（Johannes Kepler）統整了大量觀測天體運行的結果，並針對行星運動提出了「**克卜勒定律**」。**克卜勒的第一定律就是「行星以太陽為中心，沿橢圓軌道運行」**。在這之前，人們都相信哥白尼地動說中「以太陽為中心，沿圓形軌道運行」的說法，在更加精密地觀測及科學解析後，才發現軌道其實是橢圓形的。別小看簡單的橢圓形，這個研究聯結到後來牛頓的「萬有引力定律」及「力學」，是堪稱科學革命的重大貢獻。

此外，在克卜勒的研究中，火星的觀測結果也發揮了重要的作用。**橢圓是扭曲的圓形，其扭曲的程度就是「離心率」的數值。圓的離心率為零，隨著離心率數值愈大，扭曲的程度就愈大。地球的離心率是0.0167，火星為0.0934，這個數值是地球的6倍。**

那麼，當離心率改變時，會發生什麼事呢？

在橢圓形軌道上，太陽和地球的距離不是固定的。行星最接近太陽時的位置稱為「近日點」，而離太陽最遠時稱為「遠日點」，兩者的距離差就和離心率有關。**以地球為例，近日點距離：1.471 × 10^8km；遠日點距離：1.521 × 10^8km。而離心率較大的火星，其近**

日點距離：2.067 X 10^8km，遠日點距離：2.492 X 10^8km（圖１）。這樣的巨大差異，就會使地球與火星的氣象產生很大的不同。

由於行星的表層溫度受到太陽光能的影響，**在近日點會接收到許多太陽的光能，表面溫度就會提高；在遠日點接收到的太陽光能則較少，表層溫度便會降低。地球接收到的光能落差為7％，而火星則達到30％**。當火星位於近日點附近時，就是其南半球的夏季，因此，火星南半球的夏季是極為炎熱的。而在地球上，就沒有這樣顯著的溫差。

那麼，為什麼火星的離心率會這麼大呢？一般認為，這是位於外圍的木星帶來的影響。

軌道離心率

$$e = \frac{\sqrt{a^2 - b^2}}{a}$$

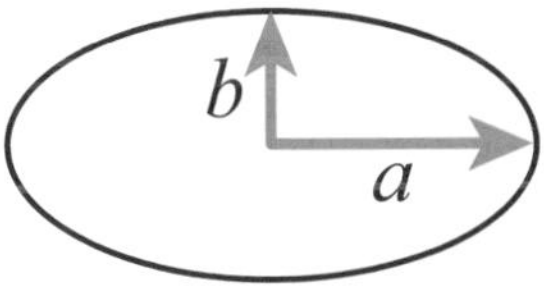

圖1　火星的公轉軌道

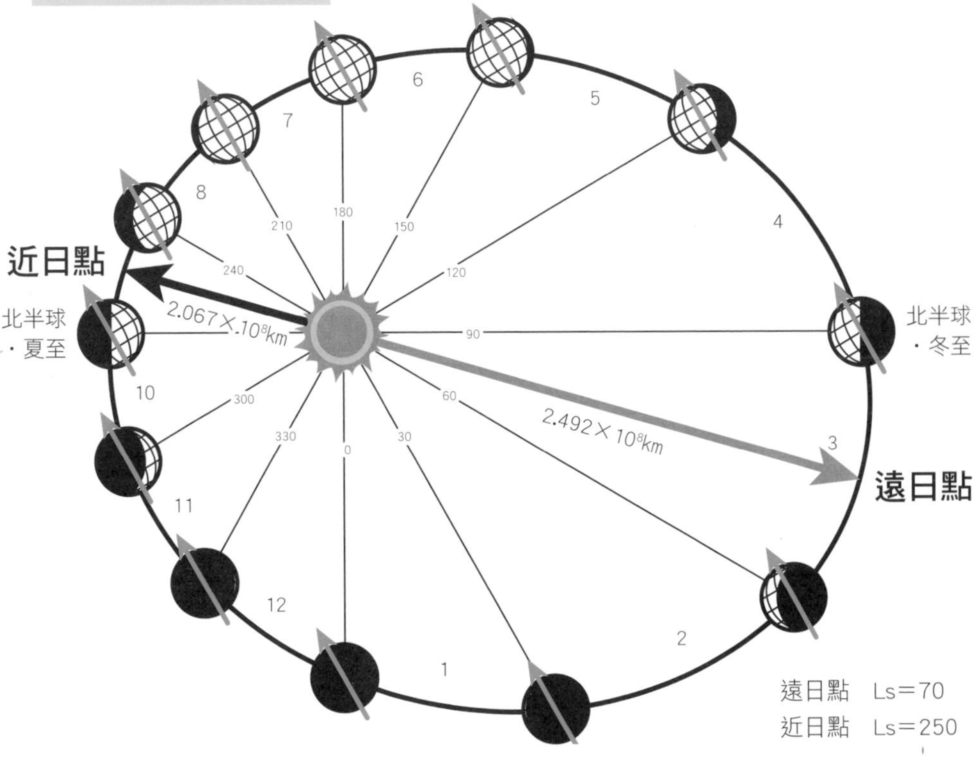

03 地球的地軸運動時會發生什麼事？

因為自轉軸傾斜，才產生了季節

日本的氣候四季分明，人們可以感受夏天的炎熱、冬天的寒冷，體驗季節變化的樂趣。而春夏秋冬四個季節，又是如何形成的呢？

地球以繞橢圓的方式在太陽周圍公轉，因此地球和太陽的距離以1年為週期變化，這就是四季的成因嗎？請仔細想想，四季並非日本獨有的現象，世界各地均能見到，當北半球是夏天時，南半球正在過冬。如果地球與太陽的距離變化是形成四季的原因，就無法說明為何南北半球一整年的季節都是相反的。

四季的形成，其實是因為**地球的自轉軸是傾斜的**（**圖1**）。**地球的自轉軸與地球繞太陽的公轉面**（**黃道面**）**並非相互垂直，而是呈23．4度的傾角**。自轉軸的傾斜方向會因為公轉而改變，因此有時北極會較靠近太陽，有時則是南極較靠近太陽。**當自轉軸的北極端較靠近太陽時，北半球從太陽接收到的照射能量就會比較多**，如**圖2**所示。

夏至時，太陽會來到北緯23．4度的正上方。此時白天的時間較長，北半球可以接收到比南半球更多的太陽能量（**圖3**）。（參照P32「夏季和冬季的太陽高度不同，為什麼呢？」）。

那麼太陽與地球的距離不會影響季節嗎？

地球依循橢圓軌道公轉，**離太陽最近的點稱為近日點**。現在的近日點就在冬至左右。

也就是說，北半球是在冬天最接近太陽。

由於地球公轉軌道接近圓形，**遠日點和太陽的距離只比近日點長約3％**。此時地球從太陽接收到的能量，也只比近日點時少7％左右，因此相比之下，地球自轉軸傾斜的影響要大得多。

為什麼地球的自轉軸會傾斜呢？

一般認為，這與月球開始繞地球公轉的現象有關。這部分會在本書「月球為什麼會繞地球公轉？」一節（P24）中提及，據說是因為**46億年前的大碰撞（Giant impact），導致地球自轉軸傾斜**。

圖1　地球自轉軸傾斜

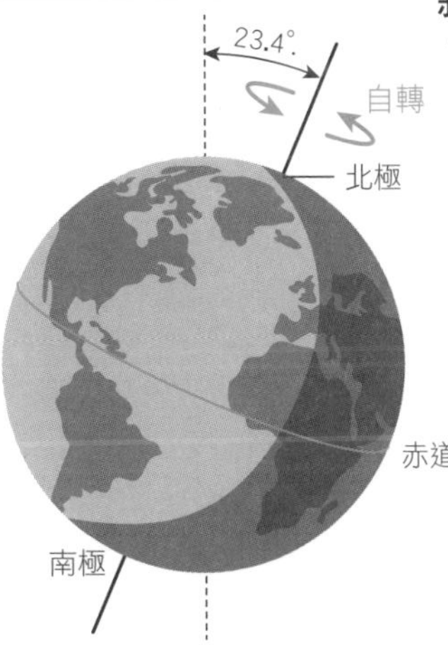

圖3　夏至時期太陽光與地球的關係

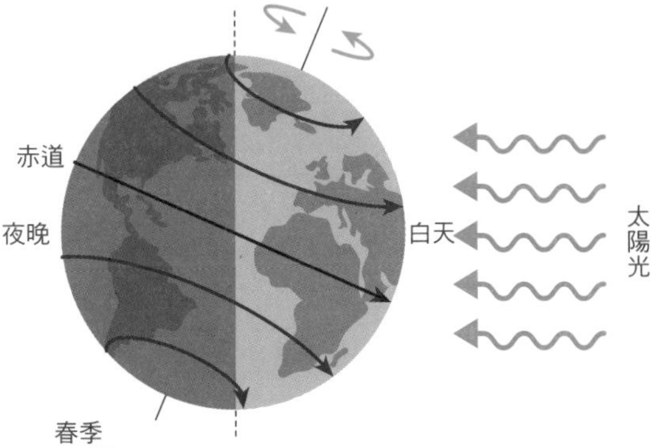

圖2　自轉軸傾斜的地球與太陽的位置關係

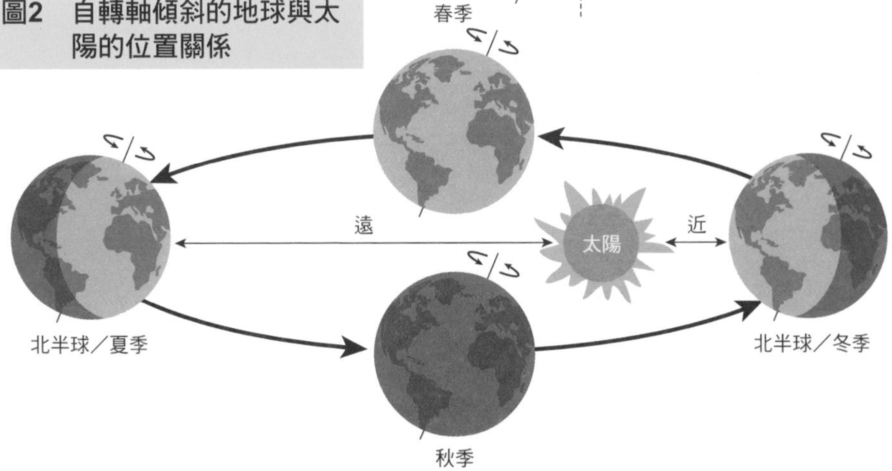

PART1 地球物理學

04 磁場的起源及是否曾經發生倒轉？

地球的磁場會移動，北極和南極也會倒轉

現在的地球，擁有跟自轉軸幾乎同方向的磁場（磁偶極），就像磁鐵棒的N極與S極（**圖1**）。在由熔融的鐵形成的地核中，液體的對流運動會產生電流，變成電磁鐵（發電機原理）。這種**磁場不僅限於地球，太陽、水星、土星、木星的衛星—木衛三等也有，是幅員廣闊的太陽系內諸多天體的共同特徵**。火星現在雖然沒有磁偶極，但數十億年前是存在的。**只有金星沒有磁偶極，算是異類**。

地球的磁場正在發生巨大變化。首先，北磁極與南磁極的位置與自轉軸的方向大致相同，但是會隨時間不斷偏移。在20世紀的100年當中，總共移動了1000km以上的距離。因此，現在的北方與數百年前的北方位置相異。

此外，磁場的強度也在最近的200年間持續減弱，如**圖2**所示。如果照這樣發展下去，或許將來會有磁場消失的一天。就像電影《地心毀滅（The Core）》一樣。

最重要的是磁鐵的方向。研究過去殘留於岩石中的磁場方向後發現，過去有一段時間磁場與現在完全相反。也就是**南極是北極，北極是南極，磁場是倒轉的！**

再研究過去長時間的歷史後發現，現在的磁極方向並非穩定狀態，正轉與倒轉的狀態幾乎平均發生。最近的倒轉期，是從259萬年前持續到77萬年前的「松山反向極性期」，這是由日本京都大學的松山基範教授發現，

因而命名。那麼是為什麼、以及在何種契機下會發生磁極倒轉？很可惜（或許對研究人員而言是很高興？），目前還不知道。

磁極移動、磁場強度變化、磁極倒轉和磁場，這些現象與地球的其他性質完全不同，在長時間下才會顯現出巨大的動態性改變。

磁場對我們而言，扮演著相當重要的角色。從太陽而來的高速電漿流（又稱太陽風）會被磁場捕捉，能保護地球不被這些帶電粒子直接撞擊。直接烙下的電漿流對地表生物而言是有害的，或許我們就是靠地球磁場，才能防衛來自太陽風的攻擊。

那麼，在磁場強度持續減弱的狀態下，或是未來磁場發生倒轉時，又會變成什麼樣子呢？

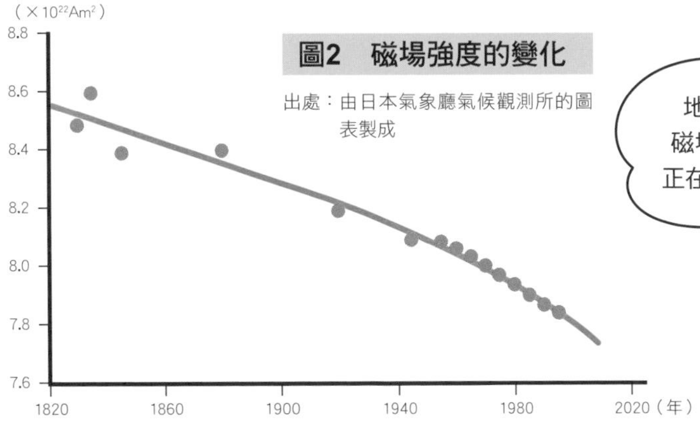

圖2　磁場強度的變化

出處：由日本氣象廳氣候觀測所的圖表製成

圖1　地球磁場、磁力線的運動

出處：由wikipedia的圖表製成

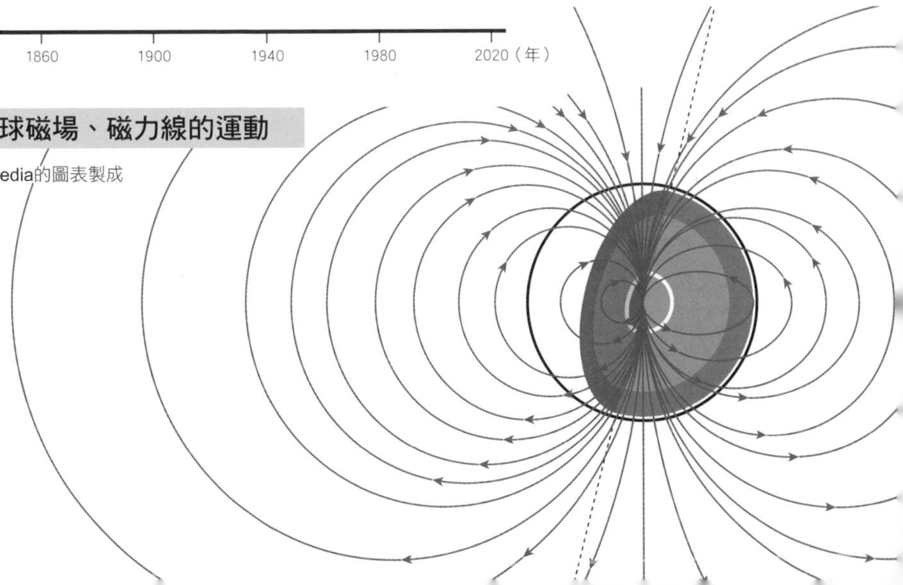

05

PART1 地球物理學

地球是否某天會停止自轉？

地球自轉速度愈來愈慢，月球就會離地球愈來愈遠

各位認為地球自轉1天是24小時嗎？

這樣的想法，其實是誤解。太陽通過子午線後，到下一次通過子午線之間的時間，稱為1天。由於地球是繞著太陽周圍轉，所以經過1天後，地球的位置會不同，因此子午線的時間和自轉時間就會產生差異。**1次自轉的時間是23小時56分，較1天少4分鐘（圖1）**。

過去的時間測量方式，是以這樣1天的長度為基準。不過，現在已改用原子鐘這種高度精確的方式測量，與天體運行無關。隨著測量的精確度提高，人們也發現地球自轉的速度經常改變。例如，自轉速度會隨著季節不同而有些微變化，這是**由於大氣運動或風吹等原因，導致地球的旋轉速度變快或變慢（圖2）**。

在新聞等媒體上，有時可以看到插入「潤秒」的報導。潤秒只會「插入」，不會「減去」。也就是說，**1天的長度會愈來愈長（圖3）**。

實際上，這顯示地球的自轉速度正在變慢，而如果繞太陽公轉的時間仍為固定，那麼1年的天數就會減少。

沒錯，過去的地球，1年其實有400天左右（感覺很悠閒吧，不過這是約4億年前的事）。如果照這樣下去，**某天就會停止自轉**吧！

為什麼地球自轉速度會變慢呢？

這是因為有擔任「煞車」的角色存在，一般認為是海底與海水間的摩擦力作用所致。不過，**物理的法則告訴我們，旋轉時的動量是守恆不變的（角動量守恆定律）**。那麼自轉速度減緩所失去的自轉角動量，會跑到哪裡呢？

這會透過潮汐力，被月球的公轉角動量繼承接收。因此，隨著地球的自轉變慢，月球的公轉速度會加快，使得**月球逐漸遠離地球（現在約是4cm／年）**。如此說來，在1年尚有400天的4億年前，月亮應該更靠近地球，而且看起來更大吧！

圖2　自轉速度會因大氣運動改變

圖1　1天的長度及1次自轉

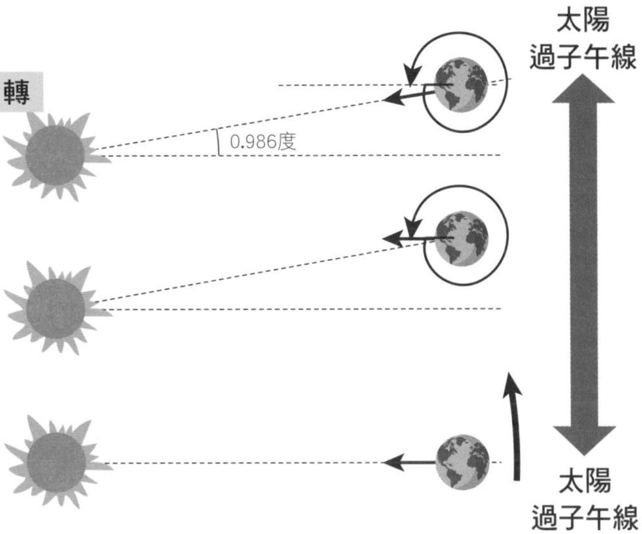

圖3　過去與現在的1年天數變化

	1 年天數
現　在	365.25
7 千萬年前	370.33
3 億年前	387.50
3 億 8 千萬年前	398.75
4 億 4 千萬年前	407.10

06

PART1 地球物理學

太陽的壽命還剩多久？

太陽是中規模尺寸的星球，不會像大質量星球那麼短命

太陽的核心為高溫、高壓的狀態，氫會變成氦而引發核融合反應，使太陽發出耀眼的光芒。另一方面，行星因為體積小，核心的溫度及壓力不會大到引發核融合反應，因此它們不會成為「恆星」，而是停留在「行星」狀態。

核融合反應是以氫為燃料，當燃料用完，壽命就終了。那麼它的壽命有多長呢？

宇宙還有比太陽質量大10倍、甚至100倍的星球存在。難道燃料豐富的大星球，壽命就比較長？

有趣的是，**大質量的星球，它的內部溫度及壓力更高，反而更能促進核融合的效率，因此燃料很快就會燒完**。相對地，**質量較小的星球，核融合反應會慢慢進行，反而能長久持續發光（圖1）**。質量為太陽3倍的星球壽命為10億年，25倍的星球壽命反而只有數百萬年，是相當短的一生。這或許跟車子相似，以前某些國家的汽車體積大、油箱也大，得耗費大量的汽油；相較之下，當時的日本汽車體積小、油箱小，所以油錢也比較省。

不過，**以星球來說，我們的太陽屬於中等規模的大小**（圖2）。**根據理論計算，其壽命應該有100億年以上**。從生成至今，已經過了46億年，應該**至少還能繼續發光50億年以上**。

由於地球表層環境是靠太陽光的能源支撐，太陽的未來也大大影響著地球的未來。

隨著太陽不斷進行核融合反應，內部溫度會愈來愈高，體積也會逐漸膨脹。末期的太陽直徑會達到現在的100倍。這個大小將遠超過現在水星軌道的大小。當然，地球受到的太陽光能也會因為與太陽的距離變短而增加，可以預測屆時地表溫度會變高。

另外，如果太陽持續變大，構成太陽的氫氣就會從太陽外緣溢出，使太陽周圍環境變得相當惡劣。不管是哪樣，**地球的未來都會因為過於明亮的太陽，而變得一片黑暗！**

圖2　太陽的大小

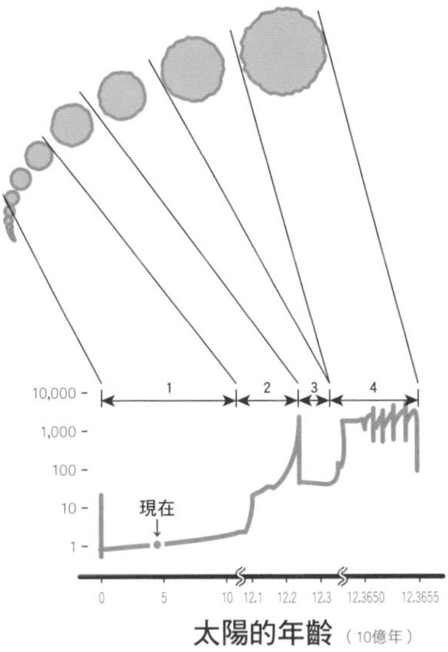

圖1　星球壽命及星球表面溫度

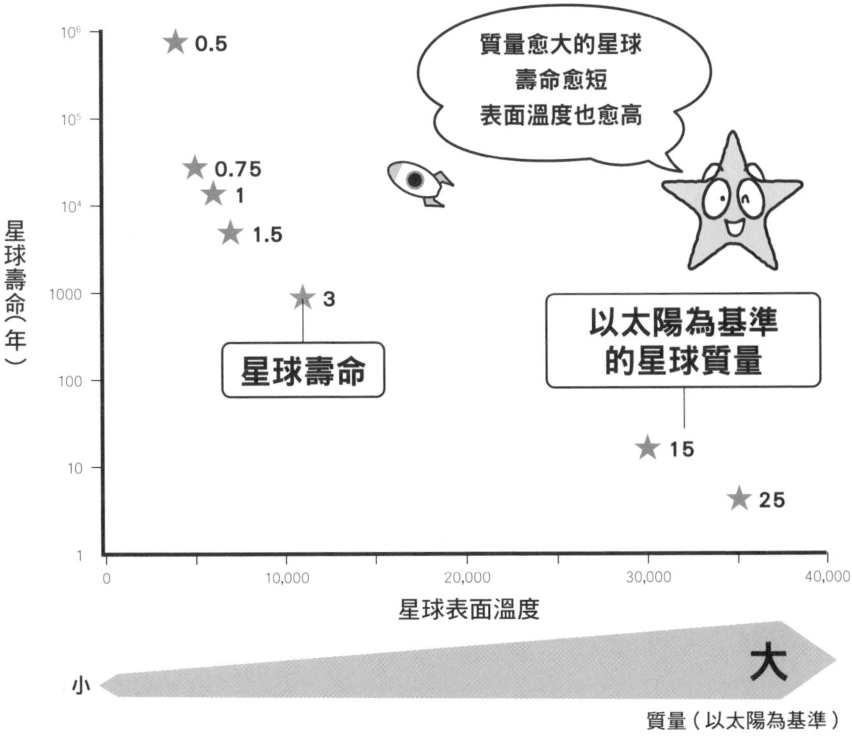

07

PART1 地球物理學

地函為什麼會對流？

地函會因熱膨脹上升，熱放射而下沉

休息一下，做個簡單的實驗讓頭腦清醒吧！

在便利商店買寶特瓶裝的氣泡水和葡萄乾。在瓶裡放入數粒葡萄乾，然後觀察會發生什麼事。葡萄乾會在汽水裡上下漂浮，好像在跳舞一樣！

圖1　為什麼葡萄乾會上下流動？

為什麼會往上浮？
因為在瓶底附著二氧化碳後變輕。

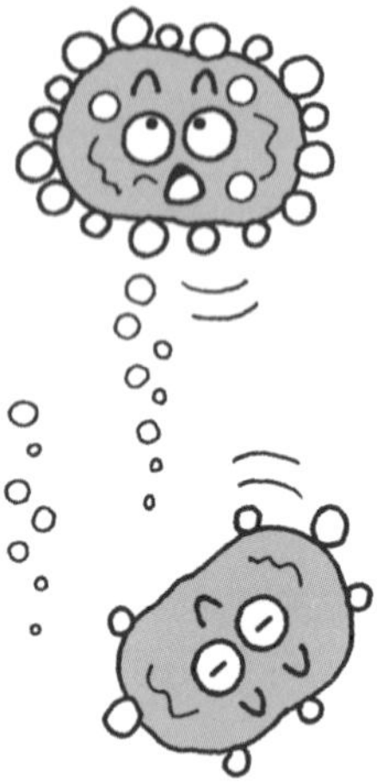

為什麼會往下沉？
因為到達水面後，二氧化碳釋出而變重。

這是很有名的「跳舞的葡萄乾」的實驗（**圖1**）。仔細觀察，會發現這些葡萄乾的運動狀態非常有趣。當你以為葡萄乾已經完全沉在瓶底不動時，它又會突然浮起，一碰到水面後又像游泳選手一樣倏地翻身下潛；有些真的完全不會浮上來，有些已經上浮到一半，卻又氣力用盡沉了下去。加油！愈是觀察就會忍不住迷上這些葡萄乾，想為它們鼓舞。

那麼，比水重的葡萄乾為什麼會往上浮呢？

當葡萄乾沉在瓶底不動時，可以觀察到葡萄乾的乾皺表皮上，附著了二氧化碳的氣泡。**二氧化碳氣泡很輕，當表面沾附大量氣泡時，葡萄乾就會因浮力往上浮；而當葡萄乾來到**

水面，氣泡會釋出到空氣中，讓葡萄乾變重而再次下沉。這一連串的運動，會把二氧化碳從瓶底運送到空氣中。而**地球的地函裡，也正發生著相同的事（圖2）**。

以地函的情況來說，二氧化碳等同於「熱能」，葡萄乾則是構成地函的「岩石、礦物」。**岩石在高溫的地函底部受熱，溫度變高的岩石會因熱膨脹而變輕。岩石上升到地表附近，將其中的熱能釋放出來後，又會因為變重而沉降**。

這種上升、沉降的循環，就稱為**熱對流現象**。地函也有對流現象，透過對流運動，會驅使各種地質現象發生。雖然我們的肉眼無法看到熱，但可以觀察葡萄乾上面附著的氣泡。

夏目漱石的弟子，身兼隨筆家、詩人與物理學家的寺田寅彥，透過觀察碗中熱湯產生的蒸氣，想到了熱對流。我們不妨也利用觀察葡萄乾，試著想像地函的熱對流吧！

圖2　地球內部的狀況如何？

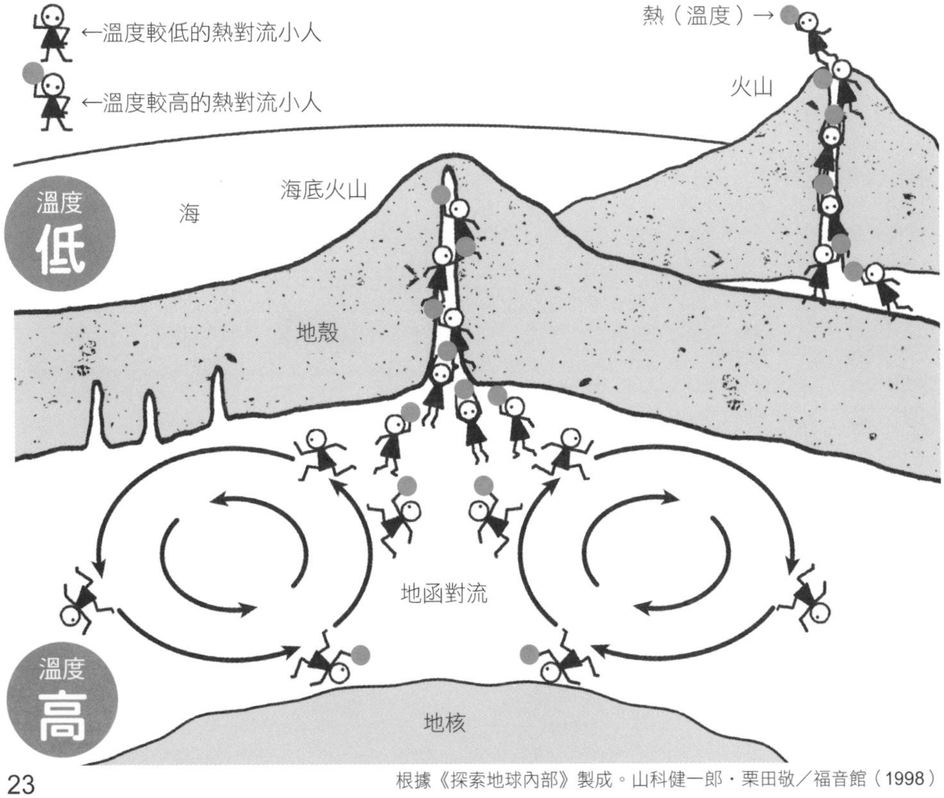

根據《探索地球內部》製成。山科健一郎・栗田敬／福音館（1998）

08

PART1 地球物理學

月球為什麼會繞地球公轉？

原行星忒伊亞撞擊地球後，產生了月球

在太陽系的衛星中，地球的衛星「月球」的直徑排名第5大。若與母行星比較，其質量約為地球的80分之1。其他衛星和母行星之間的質量比，均未達1000分之1，因此對母行星而言，月球是異常巨大的衛星。

關於月球的起源，比較主流的假說有以下幾種。**地球和月球是在同一地點同時形成（地月姊妹說）；月球是地球自轉時，因離心力而掉出的一部分（地月親子說）；地球將其他軌道的天體吸引捕獲進自己的軌道（地月夫妻說）；地球受到巨大隕石撞擊而產生月球（大碰撞假說）**。這是學界主要討論的幾種可能性。

月球的岩石成分和地球地函的成分相近，但是它不具有像地球一樣的金屬地核（主成分為鐵），即使有也很小。這樣一來，地月姊妹說就無法解釋。此外，地球自轉的離心力要將構成地球的物質以反重力的方式拋出，這是有困難的，因此，地月親子說也被否定。而要把月球這樣的天體吸引過來的機率也很低，因此，地月夫妻說也被否定。

另一方面，約46億年前的早期太陽系，微行星碰撞的現象相當頻繁，這樣的碰撞可以讓微行星相互結合、成為行星並持續變大。形成中的地球因岩石與金屬的密度不同，逐漸分化出中心的金屬地核，以及周圍的岩石地函。在這個過程中，**若原行星撞擊地球，使分布於外側的地函從地球上剝離，之後也並未墜落地表，而是在地球周圍繞行，這可能就是月球誕**

生、且以岩石為主要成分的原因。

模擬計算也證實了，若有一顆直徑為地球一半、約等同火星大小的原行星撞上地球，就會形成月球。根據大碰撞假說的理論，月球岩石裡的「揮發性成分」很少，這也可以解釋月球在形成初期，地表曾發生過大規模的熔融。

現在，**大碰撞假說（圖1）是公認可以說明月球誕生最有力的情境，而這顆可能撞上地球的原行星，則被稱為忒伊亞（Theia）**。也有一說認為忒伊亞撞擊地球的角度，可能與地球自轉軸呈45度夾角。這次碰撞，使地球的自轉軸從原本垂直於公轉面的方向，變成傾斜狀態，進而造成地球的四季產生。

圖1　月球生成的原因，大碰撞假說

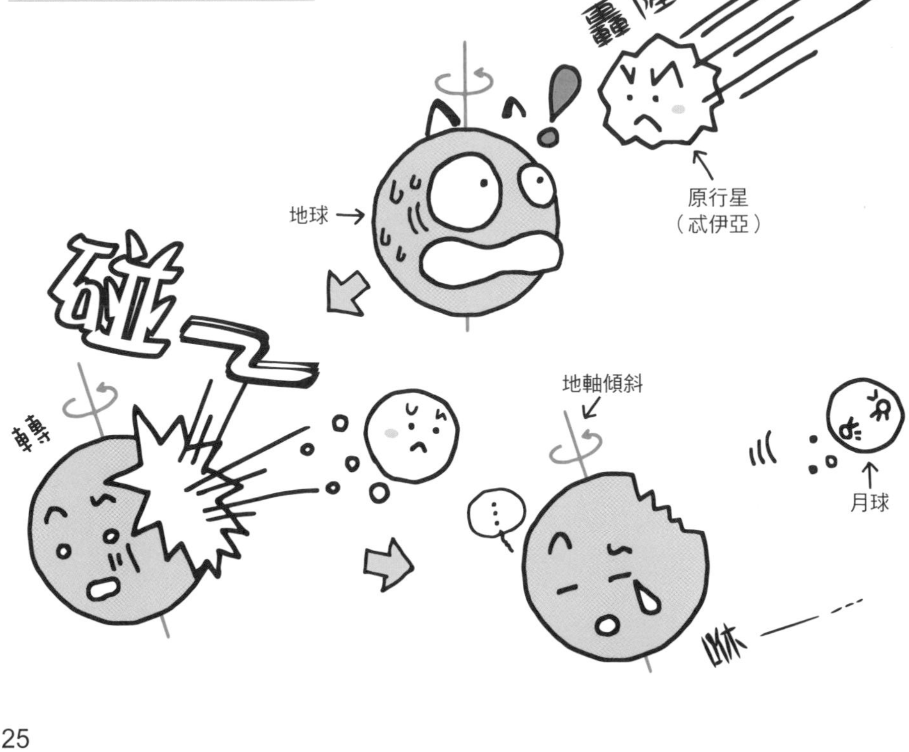

PART1 地球物理學

09 月球為什麼分正面和背面呢？

神祕的月球，正面和背面擁有截然不同的地貌

「每件事物必有正反兩面。」

這是每個孩子要成長為大人前，必學的課題之一。月球也一樣，它的正面和背面是最重要的研究主題，現在仍然充滿謎題，而且不僅孩子，大人們也同樣為之煩惱。

首先，在地球看到的月球永遠是同一面（正面），我們是看不到月球背面的。這是因為月球繞地球公轉的週期約為28天，而它自身的自轉週期也與公轉週期相同。這種現象稱為**同步自轉**（**Synchronous rotation**），在太陽系的衛星上並不罕見，一般認為**原因來自和行星之間的潮汐相互作用**。

在月球探索中，我們發現月球的正面和背面在本質上完全不同。**正面的平均高度較低，由深色的海和淺色高地構成；而背面的高度較高，而且全是高地**。

構成高地的淺色岩石稱為斜長岩，主要成分是從初期大規模熔融的岩漿海中結晶、浮出的**斜長石**。

另一方面，構成海的則是之後才噴發出來的**玄武岩岩漿**。因此，**形成年代較早的背面，隕石坑比較多；而年代較新的正面，隕石坑比較少**（**圖1**、**圖2**）。

為什麼天體會被這樣一分為二呢？

事實上，這種情況並不僅限於月球，其他天體同樣可以看到這個特徵，這個稱為**二分性**。例如火星的南半球高度較高、年代較久遠，而北半球則是低矮的新地。至於成因，

目前仍是個謎。

那麼，為什麼月球的正面和背面會如此不同呢？

在過去，月球繞行地球的軌道距離比現在近，繞行週期也較短。是不是岩漿中的結晶上浮時，被甩到外側了？

這些較高聳的斜長岩，是否因此被轉到背面（離地球較遠）去了呢？

今天依舊為此煩惱，夜不成眠。

圖1　月球的正面

圖2　月球的背面

正面的隕石坑較少，高度較低，有深色的海及淺色高地！
相反地，背面的隕石坑多，高度較高，高地也很多喔！

10

PART1 地球物理學

北極星真的不會移動嗎？

由於自轉軸進動，當地球的自轉軸移動時，北極星也會跟著旋轉

地球每日自轉1周（精確地說是每23小時56分）。由於在夜空中發光的恆星位於遠方，從地球看過去，會覺得它們的位置幾乎沒有變化。又因為地球會自轉，這些恆星看起來就像繞著自轉軸旋轉一樣。而北極星的位置，正好就在自轉軸延伸出去的直線上，因此看起來就像是群星以北極星為中心在旋轉。

那麼，北極星是真的不會移動嗎？

實際上，所有星球在宇宙中，都是呈現持續運動的狀態。這稱為**星球的自行運動**（**Proper motion**）。我們的太陽（和太陽系）也以相當快的速度在銀河系中運動著。只是因為大多數的星球十分遙遠，因此從地球看不出它們的運動。

那麼，地球的自轉軸呢？

當自轉軸運動時，位於其延長線上的北極星位置會偏移，因此北極星就會開始旋轉。由於地球同樣遵守著**角動量守恆**的物理法則，自轉軸的運動範圍不會太大，但微幅的移動還是有的。

舉例來說，請好好觀察桌上旋轉中的陀螺。仔細看陀螺的中心軸，就會發現轉軸本身正在慢慢旋轉，這種現象稱為**歲差運動**，**又名自轉軸進動**（**圖1**、**圖2**）。

地球的自轉軸以長達4萬年為週期，進行著微幅的歲差運動。這樣的運動量雖然也可說是在誤差範圍內，但可千萬不要小看它。在本書「磁場的起源及是否曾經發生倒轉？」

一節中（P16）也有提及，根據米蘭科維奇（Milankovitch）所提出的氣候變遷模型，地球軌道離心率、自轉軸傾角及歲差運動等帶來的微量震動，將會引起氣候的變化，這些或許都是必須認真思考、將直接影響人類未來的重要問題。

圖1　地球的自轉與類似原理的陀螺旋轉

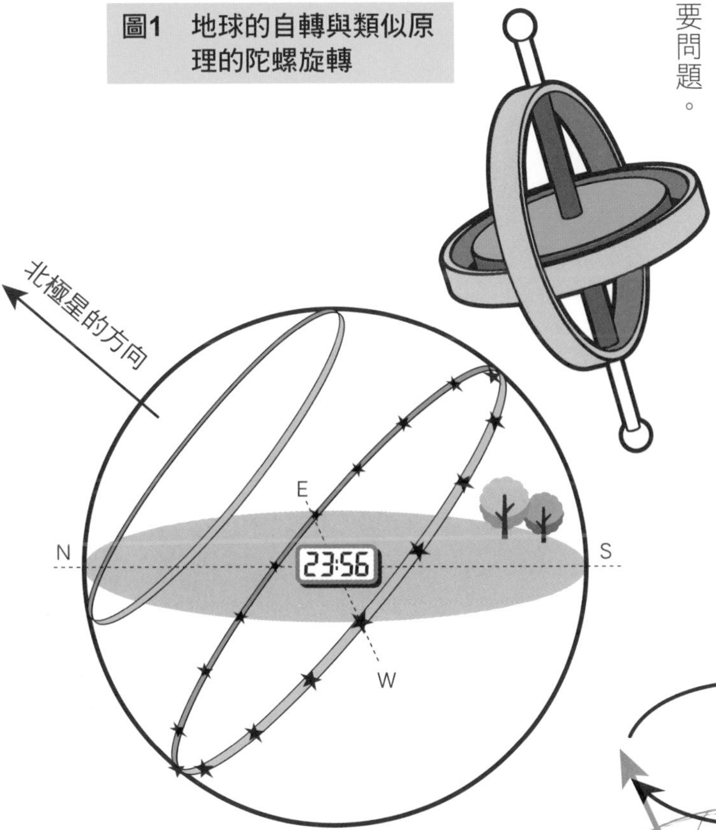

圖2　地球的歲差運動

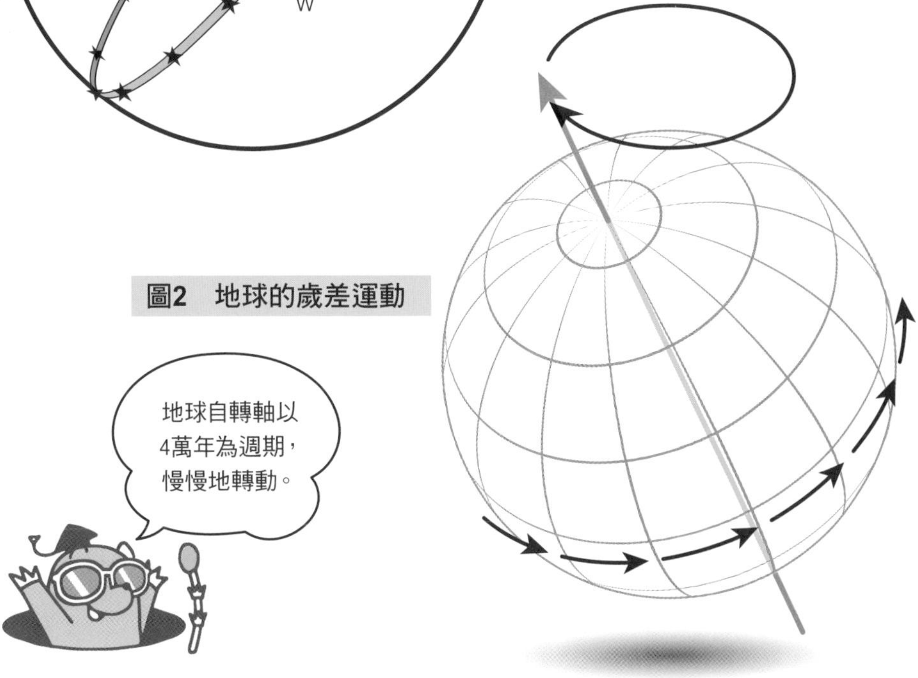

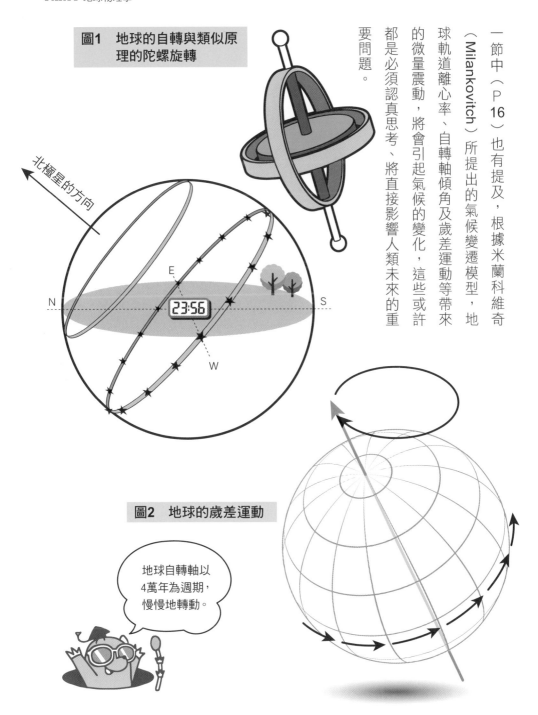

11 深海底部的水壓與金星的氣壓幾乎相同？

等同於深海900m的金星地表氣壓

地球上最深的海為馬里亞納海溝，深度達1萬920m。**海底世界中，每增加1000m的深度，就會多出100大氣壓**，因此，馬里亞納海溝的壓力高達約1000大氣壓。地球的地表0m為1大氣壓。如此一來，在深1000m的海底，壓力就是地表的100倍。因此理所當然，生活在這個深度的魚如果浮到海面上，就會因為壓力過低而死亡。

金星的大小比地球略小，質量約為地球的0．82倍，無論是尺寸、質量或密度，都是太陽系中最接近地球的姊妹星。不過，金星地表0m的氣壓並非1大氣壓，而是**高達90大氣壓**。如果用地球的海洋來比喻，那就相當於在地球海洋深處約900m，壓力相當大。

這是因為，相對於地球的大氣組成為氮氣和氧氣，**金星的大氣層是由高濃度的二氧化碳（～96．5%）組成**。此外，地球的標準地表溫度為25℃（平均溫度為15℃），而金星的地表溫度**約為460℃**，可說是灼熱的地獄。在這樣的環境下，別說是人類，任何生物都不可能存活。當然，由液態水構成的海也不存在。

為什麼地球和金星的表面環境會有這樣的差異？

金星比地球更接近太陽，這確實是原因之一。不過最主要的差異，還是大氣的組成。近年來，地球大氣層中的二氧化碳濃度大增，使地球暖化愈來愈嚴重。二氧化碳具有鎖住熱能的溫室效應，**金星大氣層是由二氧化碳構成，因此溫室效應相當強烈**（圖1、圖2）。

地球自轉週期約為24小時，而**金星的自轉週期是243天，相當緩慢**。因此，金星的單一平面會長時間受到太陽的照射加溫，這也是金星表面高溫的原因之一。

除了地表環境及自轉速度不同外，金星和地球的磁場差別也很大。地球具有強烈的磁偶極磁場，但**金星的磁場卻相當微弱**。這樣看來，指南針在金星地表應該派不上用場吧。

話說回來，金星地表的壓力大如深海，又是高溫的灼熱地獄，人類要降落在那裡，基本上就是不可能的任務了……。

圖1　金星雲層

美國航空暨太空總署的埃姆斯研究中心（Ames Research Center）所發射的金星先鋒號探查機，在1979年2月所拍攝的紫外線圖像中，可以看到金星的雲層。

圖2　類地行星的大氣層

金星大氣層	地球大氣層	火星大氣層
二氧化碳（96%）	氮氣（78%）	二氧化碳（95%）
氮氣（3.5%）	氧氣（21%）	氮氣（2.7%）
二氧化硫（0.015%）	氬氣（0.9%）	氬氣（1.6%）
	水蒸氣（0.2%）	
90大氣壓　460℃	1大氣壓　15℃	0.006大氣壓　-50℃

12 夏季和冬季的太陽高度不同，為什麼呢？

由於地球自轉軸傾斜，太陽近子午線的高度才產生變化

從自轉的地球看其他天體時，會看到天體從東方的地平線升起，以圓弧的路線移動，並往西方的地平線下沉。**當天體爬到天球的最高點時，表示天體正通過天球上的子午線**，稱為上中天。同樣地，當太陽通過子午線時，也會位在觀測者正上方天頂最高的位置。

假設地球的自轉軸與公轉面垂直，如**圖1**所示，那麼當太陽上中天時，太陽與地球間的高度距離全年均不會改變。不過，實際上地球的自轉軸與公轉面之間，離垂直角有23．4度的傾斜。因此，當太陽上中天時，我們觀測到的太陽與地平線所形成的夾角，也就是**太陽上中天的高度，就會隨著季節改變**。

圖2中，可以看到在夏至、冬至、春分及秋分時，從地球看出去的太陽的方位。**太陽通過天頂的位置，夏至時會落在北緯23．4度上，冬至在南緯23．4度，春分及秋分則會落在赤道上**。

那麼，從日本所在的角度觀測，太陽如何移動呢？以住在北緯36度邊緣的人為例，也就是住在日本島根縣、福井縣、岐阜縣、長野縣、群馬縣、埼玉縣、千葉縣和茨城縣一帶的人。

在夏至太陽上中天時，這些人只需從天頂往南方傾斜12．6度（即36度減23．4度），就可以看到太陽。從地平線算起的話，就是在77．4度角的高度。春分及秋分時，太陽會在天頂往南36度的位置，即從地平線算起54度角的高度。冬至時，就要從天頂往南傾斜

36度＋23．4度，即南傾59．4度處可以看到太陽，從地平線算起就是30．6度角的高度。圖3為季節變化的模擬示意。

當太陽位於某地點的天頂位置時，該地點每個單位面積所受到的太陽放射能量也會是最多的。地表所接受到的太陽放射能，從春分經夏至到秋分為止，北半球會比南半球多；而秋分經冬至到春分的這段時間，則是南半球接收到的太陽能比北半球多。

圖1　假設地球自轉軸與公轉面呈垂直角時，太陽的位置

將北極點與南極點以縱向切畫，在其切口上延著地球表面畫出的南北極連線，就是子午線，也就是經線。如果地球的自轉軸與公轉面垂直，當太陽上中天時，太陽在天球上的高度全年都不會改變。

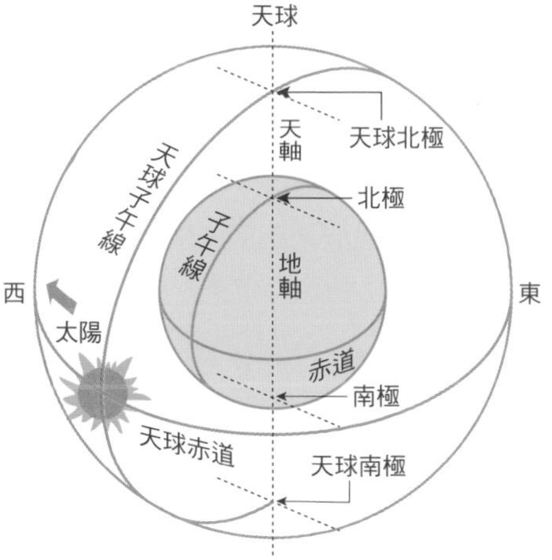

圖2　以地球為中心所見各季節的太陽方位變化

夏至、冬至、春分及秋分時，從地球看到的太陽方位。太陽通過天頂時的位置，分別為：夏至→北緯23.4度上，冬至→南緯23.4度上，春分及秋分→赤道上。

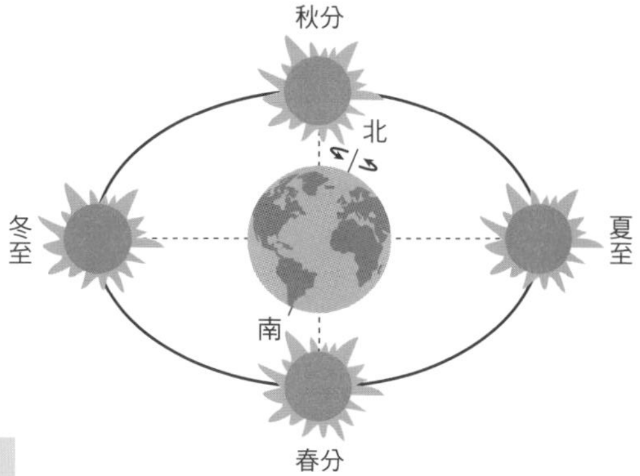

圖3　不同季節時太陽的位置變化

夏至時的太陽位置最高，春分及秋分時在中間，冬至時的位置則最低。

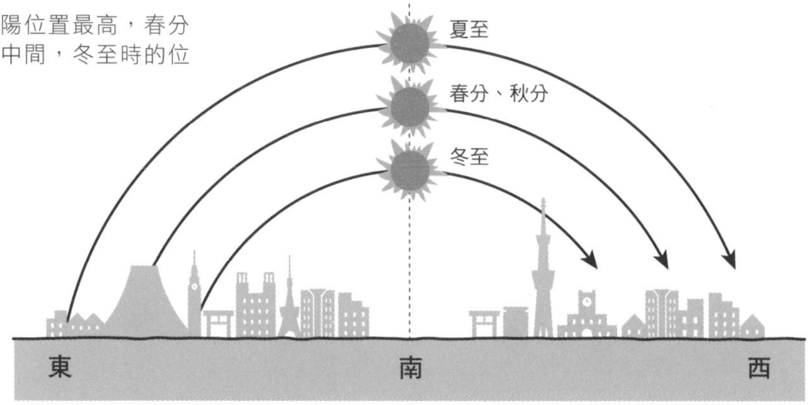

13 PART1 地球物理學

地震會發生的地點和原因是什麼？

地震會發生在板塊邊緣，月震則發生在800km深處

物質可分為氣態、液態及固態3種型態。例如H_2O有水蒸氣、水及冰3態。固態和液態的差別，在於是否擁有自己的形狀。液態的水沒有自己的形狀，因此可以任意裝在杯子或鍋子等各式各樣的容器裡。

另一方面，固態的冰因為擁有自己的形狀，所以不能自由改變。如果施加外力要改變形狀的話，冰會為了保護自己的形狀而抵抗。不管施加多大的力量，固體都會竭盡所能抵抗，但是如果外力超出抵抗能力，外型就會壞掉。這就是破裂（Fracture），**是固體特有的現象**。

地震就是一種破裂現象。從前例來看，如果要引發地震或破裂現象，就需要：

- **有堅硬的固體**
- **有力的作用**

地球的內部溫度高而軟黏，狀態接近液體，但表面附近溫度低，屬於堅硬的固體（圖1）。因此，地震只會在地表附近發生。此外，堅硬的地表會以整塊板子移動的方式運動，這就是板塊。

地球表面由好幾塊板塊構成，彼此都往不同的方向運動（圖2）。在板塊之間的交界面，為了調和各個方向的運動，就會產生力。因此，**地震多半發生在板塊交界處。影響板塊運動的因素，一般認為是地函的運動與對流**。

不過在某些地方，地震發生的機制卻完全不同。那就是發生於月球內部，深達

800km處的地震（又稱深層月震）。雖然月震的規模很小，但發生頻率高，大約每2週就會出現一次。

月震的外力來源是地球的引力（潮汐力）。月球引力會引發地球上的潮汐滿潮，而地球引力則會引發月球內部的月震。至於為何是在深部800km處？神祕的月震，目前依舊充滿謎團。

圖1　地球的模樣（如果以西瓜為喻……）

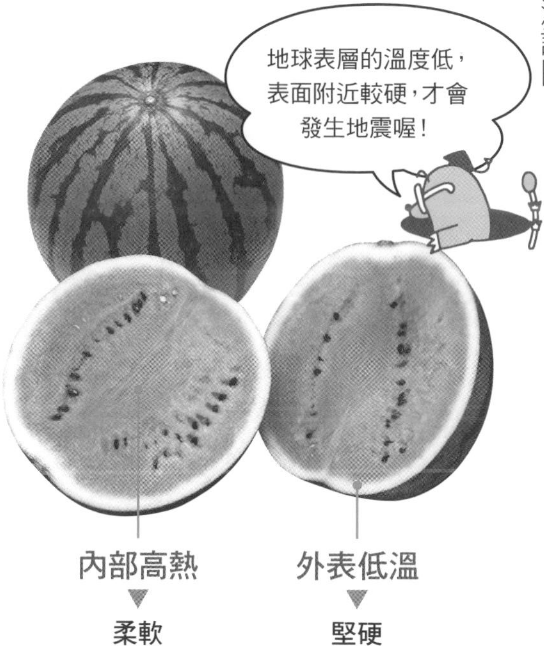

圖2　板塊運動示意圖

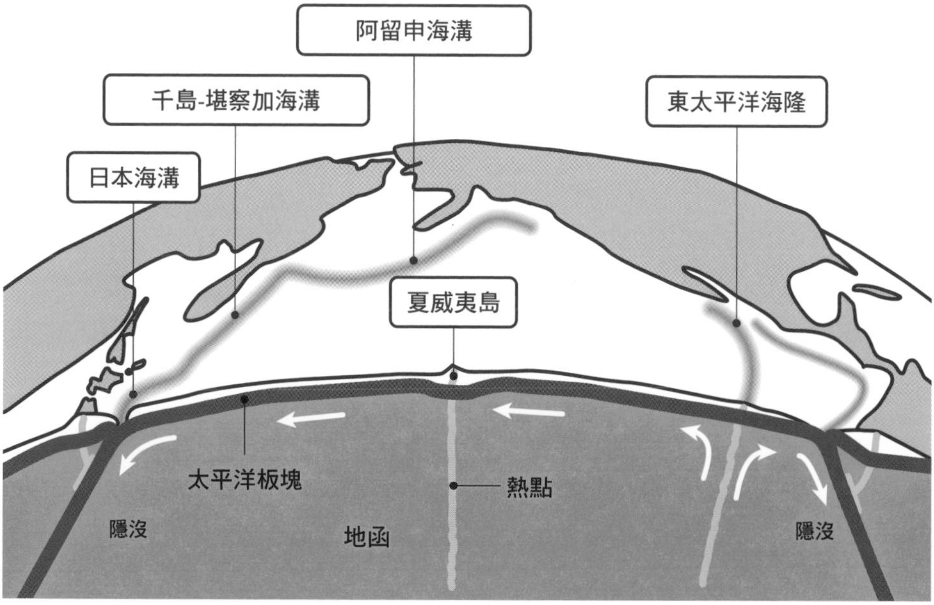

出處：由氣象廳資料製成

14 預測發生大地震的區域在哪？

PART1 地球物理學

地震不會只發生一次就結束，會反覆發生

要發生地震，有兩個必要條件。第一是該地點為堅硬的固體，第二是有力的作用。**兩個板塊接觸的地點或板塊的隱沒帶，是最常發生地震的地方**。尤其在太平洋板塊隱沒於歐亞板塊等板塊的**阿拉斯加↓堪察加↓千島群島↓房總半島外海一帶，更是經常發生規模8以上強震的知名地震帶**。

此外，菲律賓海板塊沒入西南日本區域而形成的南海海槽，也是發生強震的地點之一。中美洲到南美洲的太平洋沿岸隱沒帶亦是如此。

板塊會以1年數公分的速度移動、隱沒，因此會反覆引發地震。

我們來透過歷史資料相當完整的西南日本區域，看看這些地震吧。**圖1是曾發生在南海海槽的大地震列表**。大約每隔100年到150年，就會發生一次規模8的地震。

圖1　過去發生於西南日本的大地震

684 年	白鳳（天武）地震
887 年	仁和地震
1096 年	永長東海地震
1099 年	康和南海地震
1361 年	正平（康安）東海地震、南海地震
1498 年	明應地震
1605 年	慶長地震
1707 年	寶永地震
1854 年	安政東海地震、安政南海地震
1944 年	昭和東南海地震
1946 年	昭和南海地震

圖2 日本政府地震調查委員會公布的海溝型地震長期評估

（2019年2月26日）

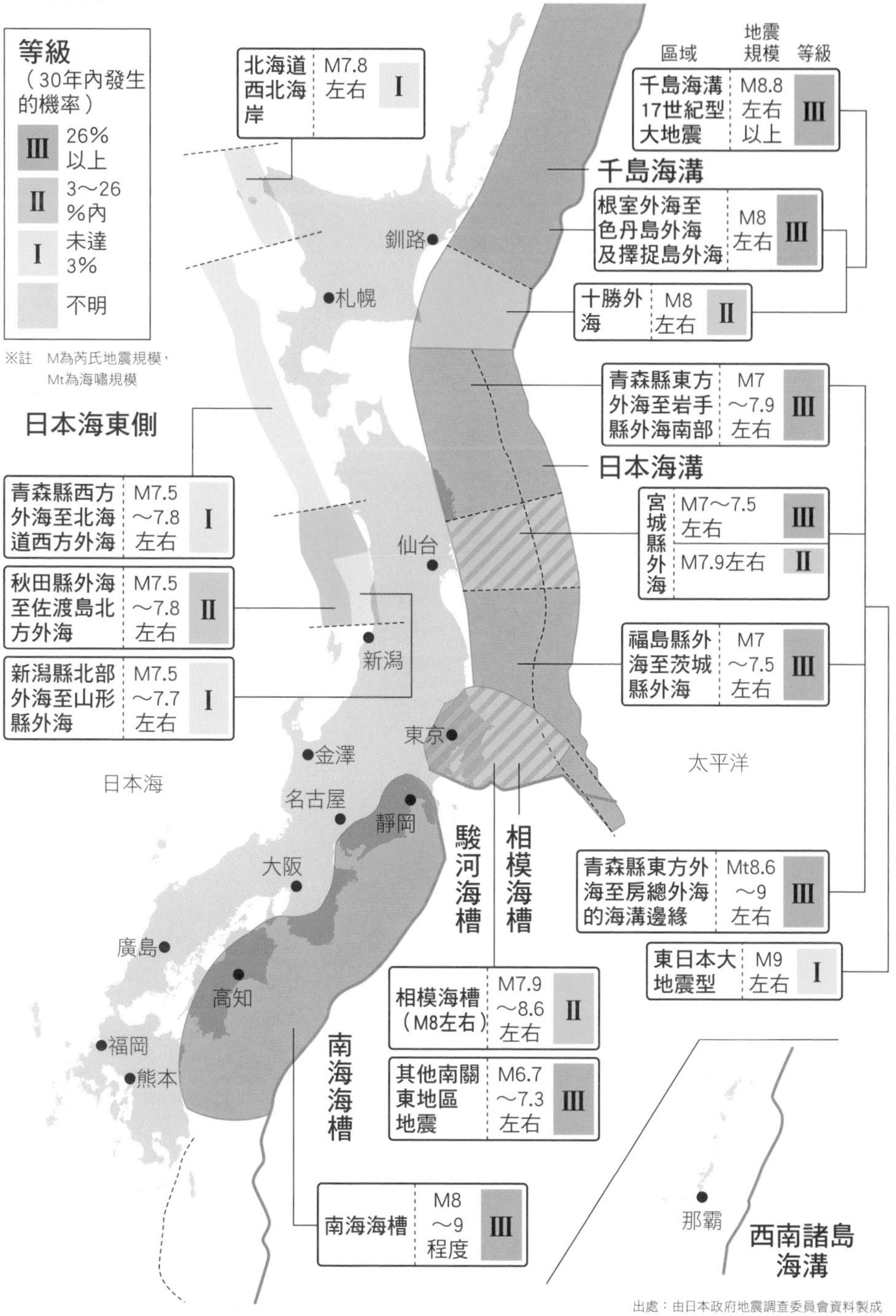

出處：由日本政府地震調查委員會資料製成

因此，沿南海海槽一帶的地區，也被認為是將來地震發生的區域，受到學界關注。

務必謹記，地震並不是發生一次、釋放能量後就結束，而是會多次反覆地發生。由於西南日本區域保留了許多歷史資料，我們才得以歸納出地震發生的規律。可惜的是，其他區域的研究目前仍所知不多。不過，1995年的阪神、淡路大地震（規模7.3）、2011年的東日本大地震（規模9.0）、2016年的熊本地震（規模7.3），在媒體的即時轉播下，這些受災地慘況震撼了全日本。

接著在2019年2月26日，日本政府地震調查委員會重新計算了未來地震發生的機率，將修正後的數值公諸於眾。這份報告中最重要的是，根據研究人員的預估，在日本青森縣東北外海到房總半島外海的日本海溝，有很高機率會發生大地震，**圖**2即為預測圖。

藉由殘留於地層中的海嘯痕跡等線索，研究人員們將過去與現在聯結，持續研究著地震的未來。

發生地震的主要板塊邊界地帶

地震也會發生在板塊內部，但主要的發生地點還是在板塊與板塊間的交界處。粗線的部分為發生頻率較高處。

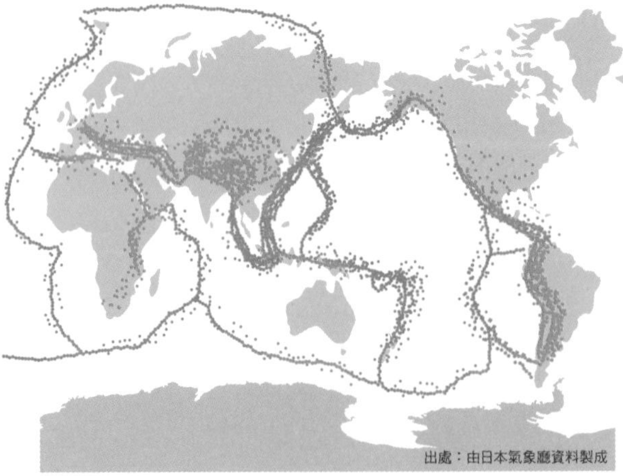

出處：由日本氣象廳資料製成

PART 2
火山學

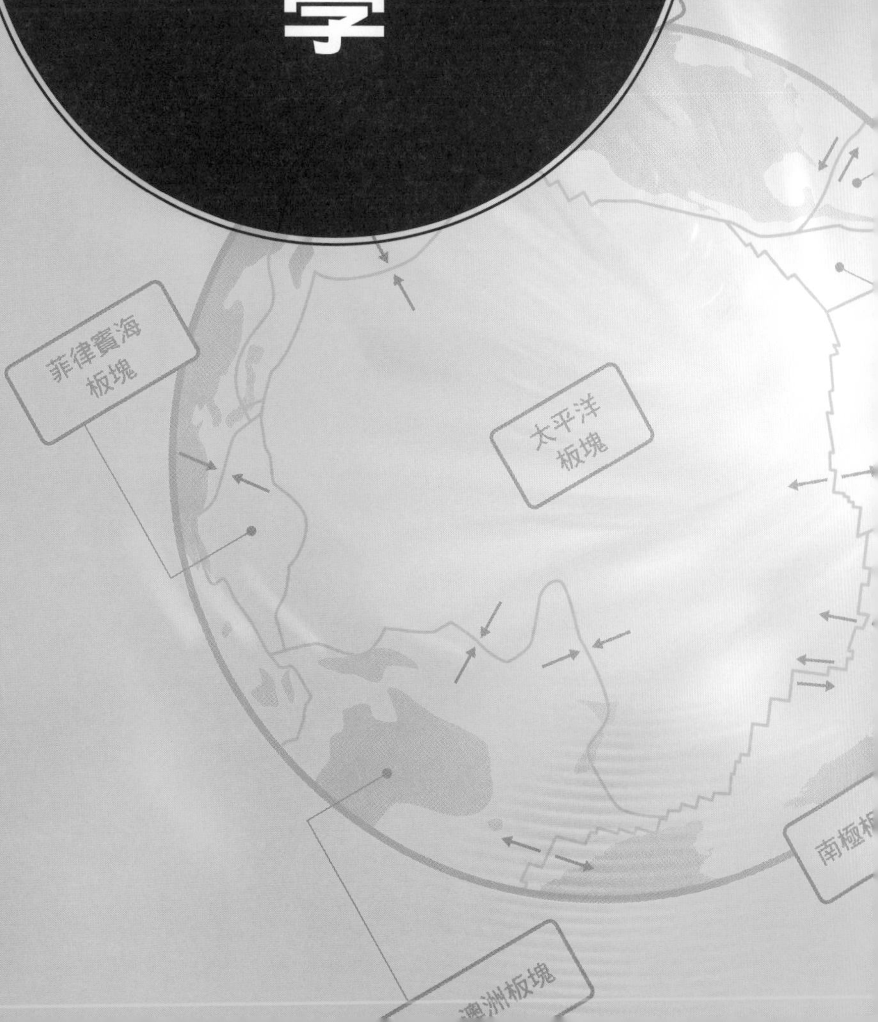

01 岩漿究竟是什麼？

岩漿成分為矽酸，可分為4類

夏威夷火山噴發的影像中，可以看到灼熱熔融的岩漿流出。仔細觀察這些熔化的岩石，會發現有一部分已冷卻凝固，這就是熔岩。相對地，岩漿就是在地下時並未冷卻凝固的高溫熔化岩石。**岩漿的溫度可達700℃至1200℃的高溫**。

那麼，這些岩漿究竟是如何形成的？

在壓力相同的條件下，當溫度變高時，獲得熱能的原子就會發生激烈振動，因而切斷化學鍵，導致岩石熔化。岩石的熔點高低與所受壓力成正比，因為當環境壓力變大時，周圍對岩石施加的力量會增加，使得原子連結緊密而不易潰散；當壓力變小時，即便溫度不變，原子間也會因為受壓減少而潰散，最終導致岩石熔化。

另外，如果含水量增加，水會打破原子間的化學鍵而增加岩石的易熔性，因此，就算在相對低的溫度下也能熔化。使岩石熔化成岩漿的條件包括下列3種（**圖1**）：

①**壓力相同下溫度上升。**

②**溫度相同下壓力下降。**

③**增加含水量。**

在1大氣壓下，水會在0℃時從固態的冰溶化成液態的水，不過，由矽酸鹽構成的岩石，其熔點高達700℃至1000℃以上，因此岩漿的溫度相當高。

地球內部的地函會對流，當地函熱對流上升、溫度卻無明顯下降時，由於高溫狀態下的壓力下降，地函的岩石就會熔化成岩漿。若有水進入高溫的地函，也會促進地函內的岩石熔化成岩漿。當岩漿上升時，其熱度將地殼的岩石熔化，同樣會形成岩漿；而當地殼沉入地函並熔化後，也會變成岩漿。

岩漿是液體，因此比固態的岩石密度要小，會因為浮力而向地表上升。岩漿內多含水及二氧化碳等火山氣體的成分，當岩漿噴出地表時，這些火山氣體成分就會進入大氣圈中。

此外，岩漿可依矽酸成分的多寡，分為下列幾種：

①矽酸成分（SiO_2含量）占總重量45～52%的，是玄武岩質岩漿。
②占總重量53～62%的，是安山岩質岩漿。
③占總重量63～69%的，是英安岩質岩漿。
④占總重量70%以上的，是流紋岩質岩漿。

圖1　岩石（礦物）熔融後變成岩漿

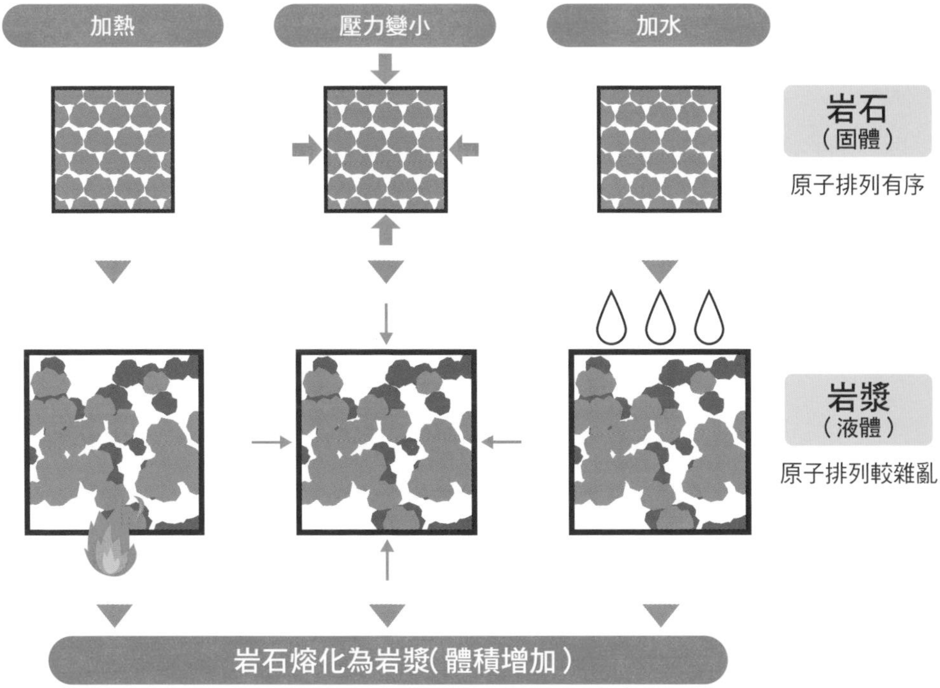

02

PART2 火山學

火山噴發的機制是什麼？

噴發就跟慶功宴上啤酒噴出的泡泡一樣

這是個很單純的疑問：為什麼火山會噴發？就算是習以為常的生活風景，也藏著不可思議的現象。例如，我們常會看到職業棒球的慶功宴上，選手們大力搖晃啤酒瓶後，一口氣撬開瓶蓋，起泡的啤酒就會氣勢如虹地噴出來。不只啤酒，香檳和汽水等發泡性酒類和碳酸飲料也一樣。明明未開瓶時都沒有起泡，為什麼開瓶後就會起泡（**圖1**）呢？

讓我們思考看看背後的原因。當壓力增加時，水裡可以溶入大量的二氧化碳；壓力下降後，這些二氧化碳無法繼續溶於水中，就會以氣體型態跑出來，這就是發泡現象。

泡泡的產生，是由於壓力降低後，二氧化碳在水中的溶解度也隨之變小。碳酸飲料就是利用加壓的方式，讓二氧化碳溶入液體中，一旦撬開瓶蓋，壓力就會降至1大氣壓，使泡泡開始冒出來。

其實，火山噴發的原理也是一樣的。**高壓狀態的岩漿中，溶入了一定重量百分比以上、以水為主的火山氣體成分。當岩漿庫的壓力因為某種原因而下降時，岩漿就會開始出現發泡現象**。壓力下降的程度愈大，發泡的狀況就愈劇烈，而因為發泡的岩漿中蘊含大量氣泡，使得視密度下降，**讓岩漿變輕，進一步促進發泡並同時上升**。

如果岩漿的黏性較弱、相對稀薄時，氣泡可以快速逸出，**岩漿的噴發就會比較緩和**。然而，當岩漿的黏性較強、較為濃稠時，氣泡會在內部持續增加、抑或互相結合，使岩漿中的火山氣體逐漸累積。充分蓄積的火山氣體最終噴發時，就會引起**激烈的岩漿噴發**。

岩漿的黏性，是由岩漿中的矽酸成分含量及溫度所決定。**矽酸成分愈多，或溫度愈低，岩漿的黏性就愈大**。

換言之，和矽酸成分較少、溫度較高的玄武岩質岩漿相比，富含矽酸成分、溫度較低的安山岩質、英安岩質及流紋岩質岩漿的黏性較大，比較容易引起爆炸型的噴發。

圖1　壓力驟降導致的發泡現象

香檳的冒泡和火山噴發的原理相同，都是因為壓力下降導致氣泡噴出。

日本列島是各處火山都會噴發的火山列島

03

PART2 火山學

環太平洋為何有那麼多火山？

岩漿是因板塊隱沒而產生

日本列島是火山列島。一路追蹤火山出現的地點，從北海道起，向北可以延伸到千島群島、堪察加半島，接著再從阿留申群島通過阿拉斯加，抵達美國西部的喀斯喀特山脈。從美國西部可以繼續延伸到墨西哥，經中美至南美的太平洋沿岸，都可以見到火山的身影。如果從日本九州往南追蹤，則會經過琉球群島和臺灣，再延伸到菲律賓。如上所述，許多火山都分布在環太平洋區域。

不過，嚴格說起來，雖說是環太平洋，其實**火山群是沿著太平洋邊緣的海溝分布（圖1）**。如果是沒有海溝的地區，就算位於太平洋旁，也看不到火山群。海溝就是板塊隱沒的地方，因此，**火山的產生可說與板塊的隱沒息息相關**。

那麼，為什麼板塊隱沒的地方會形成岩漿呢？

板塊因冷卻變重而隱沒的部位，就相當於冷對流的沉降處。這樣的地點，實在很難想像會有高熱的岩漿產生。那麼，究竟為什麼岩漿會在此生成呢？

當冷卻的板塊隱沒時，板塊上方的地函會受到板塊拉扯，一起向下隱沒。如此一來，為了要填補這個空間，地函深處的高溫地函就會上升，這就叫做**補償流**或**逆流**。

除此之外，板塊因長期與海水接觸而內含水分，當板塊隱沒後，**水分會從中排出並往上升**，進入板塊上方的高溫地函中，使**地**

函變得容易熔融。一般認為，這就是板塊隱沒的邊界會形成岩漿的機制（**圖2**）。

另一方面，若隱沒的是高溫的板塊，板塊最上層的**玄武岩質海洋地殼也會熔化成岩漿**。

圖2　岩漿形成的機制

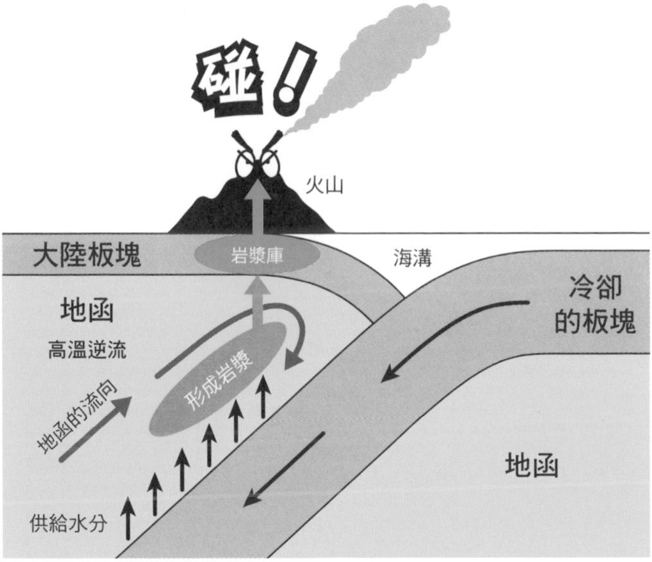

圖1　沿著太平洋邊緣海溝分布的火山

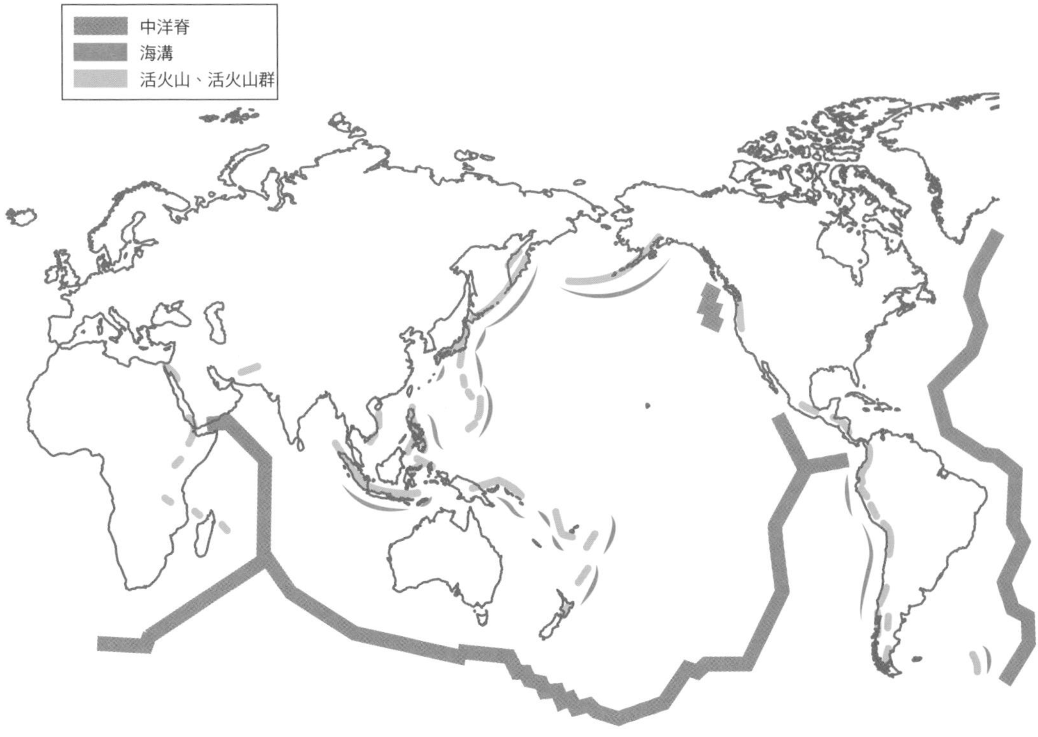

04 PART2 火山學

富士山為什麼會在那個地方？

矗立於3個板塊交界處的富士山

生成於10萬年前的富士山，乃日本第一高峰（3776m），也是**日本列島上最大的年輕活火山**。目前為止，累計已噴發超過700 km^3 的大量岩漿。不僅如此，日本列島大多數火山都由安山岩構成，但**富士山卻是由截然不同的玄武岩所構成**。

愈想就愈覺得，富士山真是獨樹一幟的神祕火山。為什麼富士山可以在短時間內噴發出大量的玄武岩岩漿？還有，為什麼像富士山這樣的巨大火山，會在此處生成呢？

來看看富士山聳立的環境吧**（圖1）**。富士山的南方有駿河灣，駿河灣裡有一道向著富士山延伸而去的深海海溝，這就是**駿河海槽**（海槽指的是底部較平且相對淺的海溝）。駿河海槽走到富士川河口附近離海上陸，發展為**富士川河口活斷層**。該斷層延伸穿過富士山下方，並接續到箱根山與丹澤山地之間，成為酒匂川谷附近的**神繩斷層**。

神繩斷層在酒匂川進入足柄平原後，就接續到足柄平原東部大磯丘陵山麓的活斷層，即**國府津－松田斷層**。這道斷層會在國府津附近沒入相模灣，成為名叫**相模海槽**的海底峽谷，並往東南繼續延伸。

被駿河海槽、神繩斷層、國府津－松田斷層和相模海槽所圍起的地區，包含箱根山及伊豆半島在內，幾乎相當於**菲律賓海板塊**

劃分的範圍。不僅如此，菲律賓海板塊以駿河海槽為界，往西的部分沒入**歐亞板塊**之下；以國府津－松田斷層及相模海槽為界，往東北的部分沒入**北美板塊**之下，一直深入到東京及關東地區下方。在神繩斷層附近，菲律賓海板塊則與北美板塊**相互碰撞**。

在富士山下方，菲律賓海板塊向西方隱沒，但其北端則與歐亞板塊碰撞並接合，就像被大頭釘固定住一樣，動彈不得。如此一來，菲律賓海板塊向西隱沒時產生的拉扯及扭曲的力，就必須在某處取得平衡。

一般認為，富士山下方有岩漿從深處上升，高溫使板塊變得脆弱而裂開，因此抵消了板塊扭曲的力。換言之，**富士山下方的菲律賓海板塊上存在裂縫**，且該裂縫會隨著菲律賓海板塊向西隱沒而逐漸擴大。

看來，大量的玄武岩質岩漿應該就是透過

圖1　富士山聳立之處相當獨特

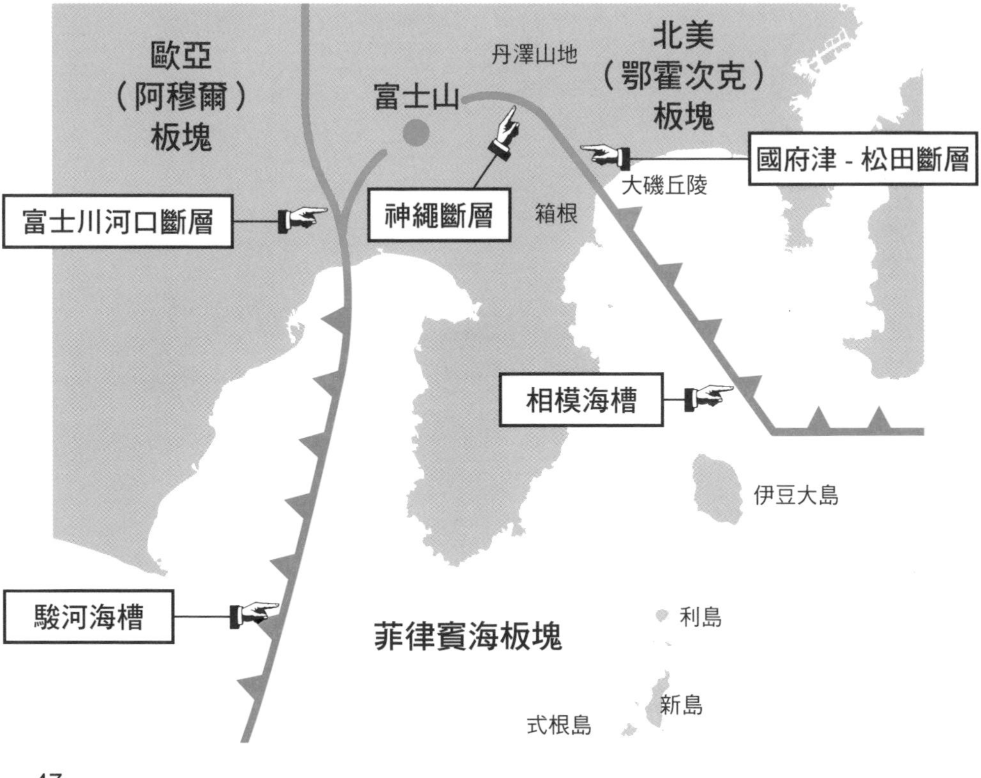

這道裂縫往上湧，提供給富士山大量岩漿（**圖2**）。經由分析地震波及探測地電阻等活動，已確認了這道深層裂縫的存在。

富士山只會誕生在此地，而非隨處可見的理由，現在各位應該明白了吧？

圖2　富士山的岩漿供給機制

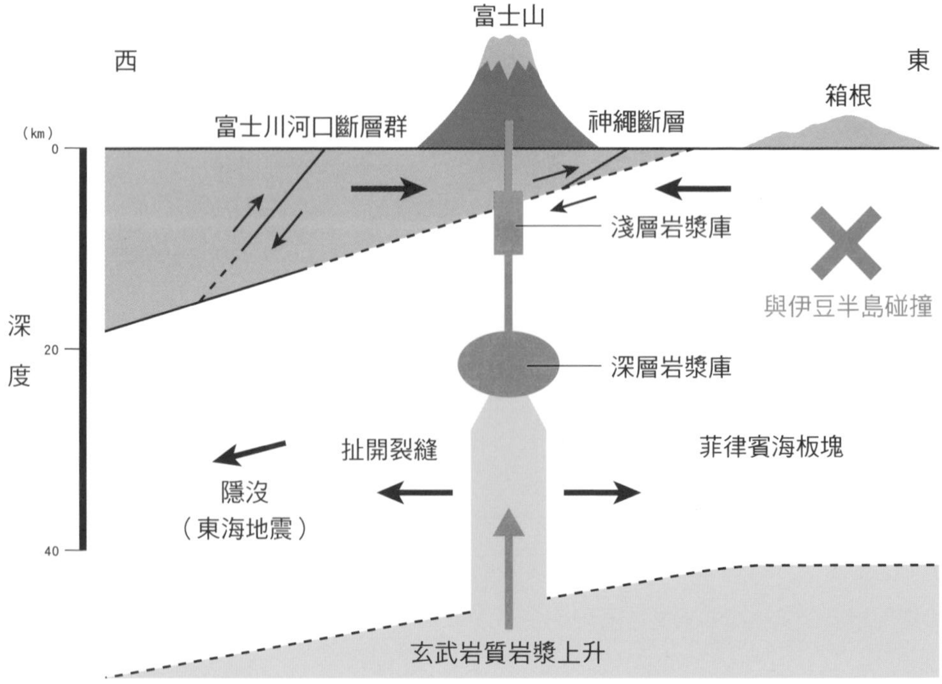

05 富士山什麼時候會噴發？

PART2 火山學

若達到寶永大噴發的爆發規模，日本首都圈將受重災

富士山何時會噴發？

這是常見問題。不過，要正確回答相當困難。首先必須了解，預測火山噴發的方式，分為短期的噴發前預測及長期預測。

岩漿是高溫且帶有黏性的流體。岩漿在地底下推進、開出一條通道（即火山通道）並上升時，會破壞周圍的岩石，引發地震。此外，當岩漿上升時，會因為受到岩漿推動而隆起火山體。

岩漿是高溫的流體，因此地電阻較小。當岩漿逐漸上升，質量的增加會使重力產生變化，且岩漿裡也會釋出二氧化硫等火山氣體成分，這也會讓岩漿濃度增加（**圖1**）。

如果觀測上述現象，就能夠預測岩漿的

圖1　火山噴發前的現象變化

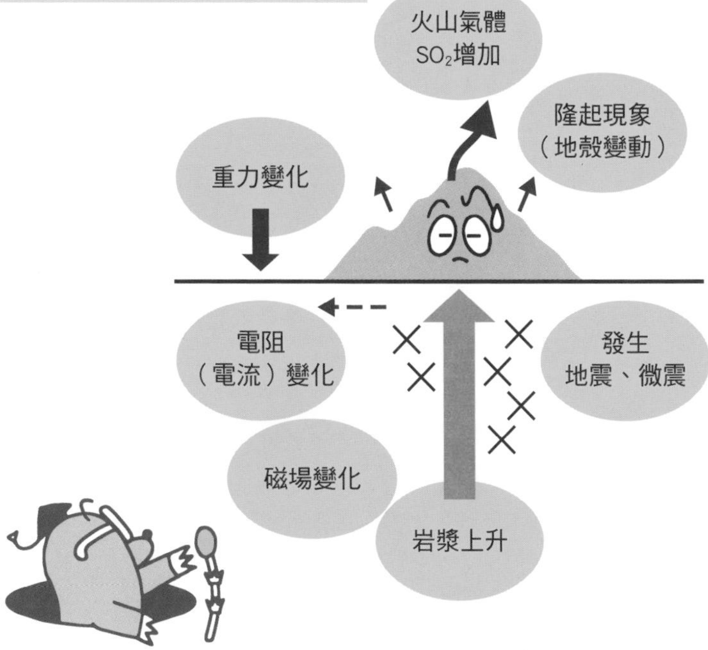

上升活動。**透過這樣的觀察，一定程度上可以預知岩漿上升、火山即將噴發**。

有關富士山的觀測，目前科學家設置了很多觀測儀器。因此，**噴發前的短期預測應該是可行的**。以這個角度調查過去的紀錄會發現，1707年寶永大噴發的前幾個月起，就曾頻繁發生有感的群震。

那麼，除了短期預測外，有可能做到長期預測嗎？

當噴發時間具有規律性時，可以做到某種程度的長期預測。例如，三宅島火山在1963年噴發後，又於20年後的1983年噴發，再下一次則在17年後的2000年，故該火山的噴發間隔為17～20年。由此可推知，下回噴發應該會在2017～2020年左右，所以三宅島火山會不會真的噴發，1～2年後應該就能得到答案（註：本日文書出版於2019年4月）。

相對地，當噴發間隔不規則時，長期預測就變得更困難。在西元781年到1083年的300年間，富士山大約以30～70年左右為間隔反覆噴發。

不過，在1083年到1435年間，富士山有350年左右沒有噴發紀錄。隨後在1511年噴發後，再下一次就是1707年的寶永大噴發，在這當中的200年間，都沒有噴發紀錄。

由此可見，**富士山的噴發並無固定規律，因此要預測下一次的噴發時間也相當困難**。或許明天就會噴發，也可能未來很長一段時間都不會噴發。

寶永大噴發是一次大規模的爆炸性噴發，噴出了大量的火山灰，連江戶（現在的東京）也累積了4cm左右的火山灰（**圖2**），當時的神奈川縣則幾乎被更厚的火山灰全面覆蓋。不僅如此，該次噴發還持續半個多月之久。

相比之下，富士山在平安時代的噴發頻率較高，但程度皆和緩許多，只有熔岩流出。

富士山下一次噴發，會像寶永大噴發一樣具爆發性，還是像平安時代一樣和緩，目前還不知道。無論哪一種，都有可能發生。

不過，如果是像寶永大噴發的爆發類型，那麼以東京為首的整個首都圈，就可能遭受長達2週以上、極為慘重的火山灰災害。

想到這爆發的可能性，不知日本政府單位、各自治體，以及我們自己，是否已想好如何準備、應對富士山的噴發？

圖2　富士山寶永大噴發（1707年12月）的火山灰分布

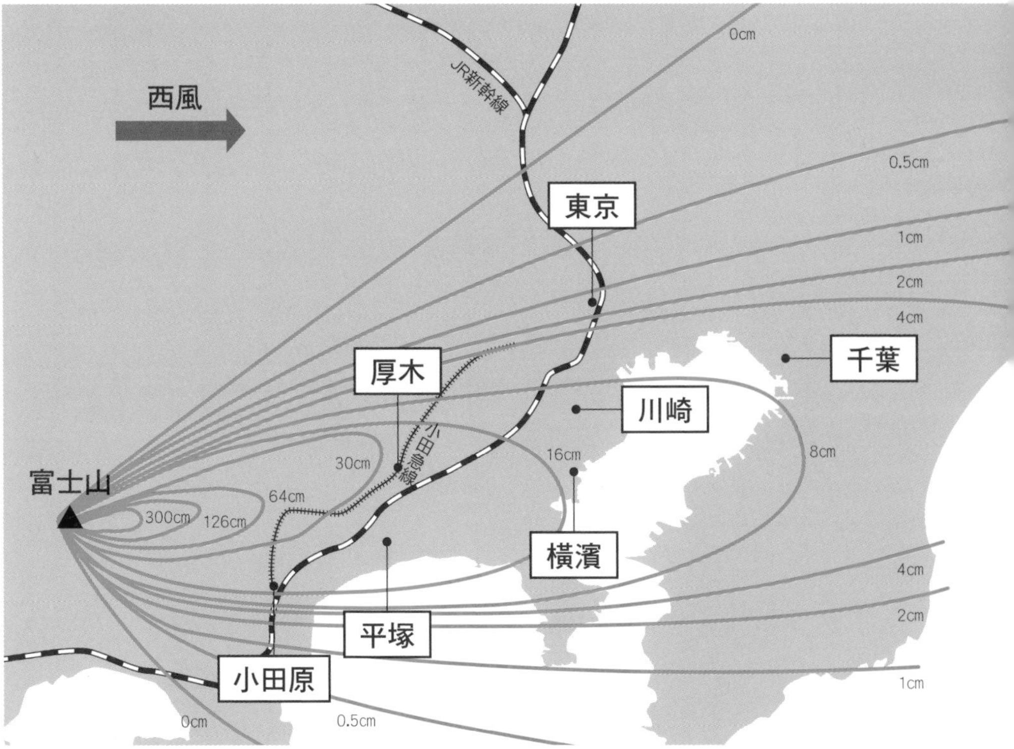

06

PART2 火山學

破火山口究竟是什麼？

像個大鍋子一樣的巨大塌陷口，就是破火山口

眾所皆知，火山山頂上會有一個開口，叫做火山口。火山口地形屬於火山窪地。而**比火山口大，直徑達2km以上的火山窪地，就叫做破火山口（Caldera）**，意思是巨大的鍋爐。

破火山口的名稱來自於地形本身，其成因則有很多種。包括侵蝕或是山體崩塌，都可能形成破火山口。不過，**大型破火山口的成因，一般是由於大規模噴發後，地下岩漿庫的岩漿大量流出，使得岩漿庫上方的地層坍塌，形成下陷的破火山口（圖1）**。

三宅島火山於2000年噴發時，地下岩漿庫的岩漿以水平方向流出，岩漿庫失去支撐，造成上方的地層坍塌。接下來的1個半月間，山頂火山口周邊逐漸塌陷，我們得以目睹一個小型破火山口形成的過程。

在日本，大型的破火山口只能在北海道周邊及九州中南部見到（圖2）。北海道周邊有摩周、屈斜路、阿寒、支笏、洞爺、十和田等破火山口。九州中南部則有阿蘇、加久藤、小林、姶良、阿多、鬼界等破火山口。現在，這些地方幾乎都成為風光明媚的觀光景點。這些大型的破火山口，即便最大直徑也未超過30km。

日本首都圈當中，以箱根破火山口最為知名。箱根破火山口並非僅由1次的普林尼式（參照P54）火山噴發造成，而是發生過多次火山灰噴出量在10km³等級的噴發，形成多

個小型破火山口，其後再因侵蝕而相互連接，最終延展成為現在寬闊的模樣。最新一次的破火山口噴發發生在6萬5000年前，火山碎屑流幾乎覆蓋了整個神奈川縣，東京附近也累積了厚度超過20cm的東京浮石。噴發口位於箱根登山鐵道終點，也就是強羅的附近，現在地底下也埋有當時的破火山口。

地球上也存在超巨大的破火山口。其中最大的直徑長達100km，是**印尼蘇門答臘島上的多巴破火山口**。此外，美國西部的黃石破火山口直徑也達70km。這兩個破火山口，分別是由2800km³及1000km³的巨大岩漿噴出量形成。這樣的破口火山就稱為**超級火山**（**Supervolcano**）。

圖1　塌陷的破火山口

圖2　日本有許多大型破火山口分布於九州及北海道

07 普林尼式火山噴發何時會再襲擊日本？

即將來襲的普林尼式火山噴發，已進入倒數階段

普林尼式火山噴發（Ultra Plinian）指的**是一次噴出100 km^3以上大量火山灰的噴發活動**。發生在日本列島上的普林尼式火山噴發，12萬年內只有10次左右，頻率大約為1萬年1次。

普林尼式火山噴發一旦發生，就會形成大型的破火山口，不過，**最近50萬年間噴發並形成的大型破火山口，僅分布於日本九州中南部、十和田以北和北海道**。從日本關東至關西一帶的本州中心區域，並沒有破火山口。箱根火山雖然擁有破火山口，但並不會引發普林尼式的大規模噴發。

日本列島上空吹的是偏西風，因此，火山煙流會往東方飄。因此，如果九州中南部發生普林尼式火山噴發，本州一帶就會蒙受火山灰之災。

2萬9000年前，鹿兒島海灣的始良破火山口曾發生普林尼式噴發（**圖1**），覆蓋地面的高溫火山碎屑流破壞了九州中南部，騰空而上的火山噴煙向東方漂移，導致**四國及本州全區域都被厚厚的火山灰覆蓋**。當時噴發了450 km^3以上的大量火山灰。

最新一次普林尼式火山噴發，發生於鹿兒島縣屋久島西方海底的鬼界破火山口，時間約在7300年前。部分當時的破火山口牆突出海面，成為現在的薩摩硫磺島及竹島等島嶼。該次噴發的火山灰超過170 km^3。雖然噴發規模不比2萬9000年前的始良

破火山口，但仍導致**西日本至關東地方被火山灰覆蓋**。此外，經由考古等方式得知，這次的噴發，也使當時西日本及九州的繩文文化遭到毀滅性的破壞。

普林尼式火山噴發大約1萬年發生1次，距離最近一次的噴發已過了7300年。**下一次的普林尼式火山噴發，或許已近在眼前**。如果發生的話，地點應該會在九州中南部或北海道。

人類發展出科學觀測技術後，還未碰上普林尼式火山噴發，因此，**這種噴發會有什麼前兆，目前也還不清楚**。能確定的只有一件事：「何時噴發無法預知，但終將到來。」

圖1　2萬9000年前姶良破火山口發生的普林尼式噴發

PART2 火山學

08 超級火山的驚人威力有多大？

當平均氣溫下降10℃時，人類還能生存嗎？

當火山灰的噴發量超過1000km^3，擁有這般超乎想像爆發規模的火山，就是超級火山（Supervolcano）。最近10萬年內噴發規模最大的超級火山，是7萬4000年前位於印尼蘇門答臘島，噴發出多達2800km^3岩漿的**多巴火山**（圖1）。多巴火山讓印度大陸累積了厚達15cm以上的火山灰，甚至波及到中國南部（圖2），**覆蓋面積約占地球表面的4%**。

我們來詳細看一下多巴火山的噴發情況。

多巴火山的噴發帶來大量的火山碎屑流噴出，完全覆蓋了從蘇門答臘島到馬來半島的區域。火山碎屑流流入印度洋，為印度洋周邊地區帶來**巨大海嘯**。更有甚者，由於大量的二氧化硫隨著火山灰飄到平流層，對全球環境都造成莫大影響。

到達平流層的二氧化硫透過陽光產生光化學反應，與水蒸氣反應後形成硫酸鹽氣膠這種微細粒子。硫酸鹽氣膠會反射太陽光，導致到達地表的太陽能量減少，地表氣溫急速下降，這就是**火山冬天**。不同於降落地表速度相對快的火山灰，硫酸鹽氣膠會長時間漂浮於平流層中，因此，火山冬天會持續一段很長的時間（圖3）。

多巴火山在7萬4000年前的超級大噴發，噴出了2800km^3的岩漿，**將大量的二氧化硫送進平流層中**。根據格陵蘭島及南極冰河的研究數據，可知當時有超過6年的

圖1　大型火山噴發的岩漿噴出量

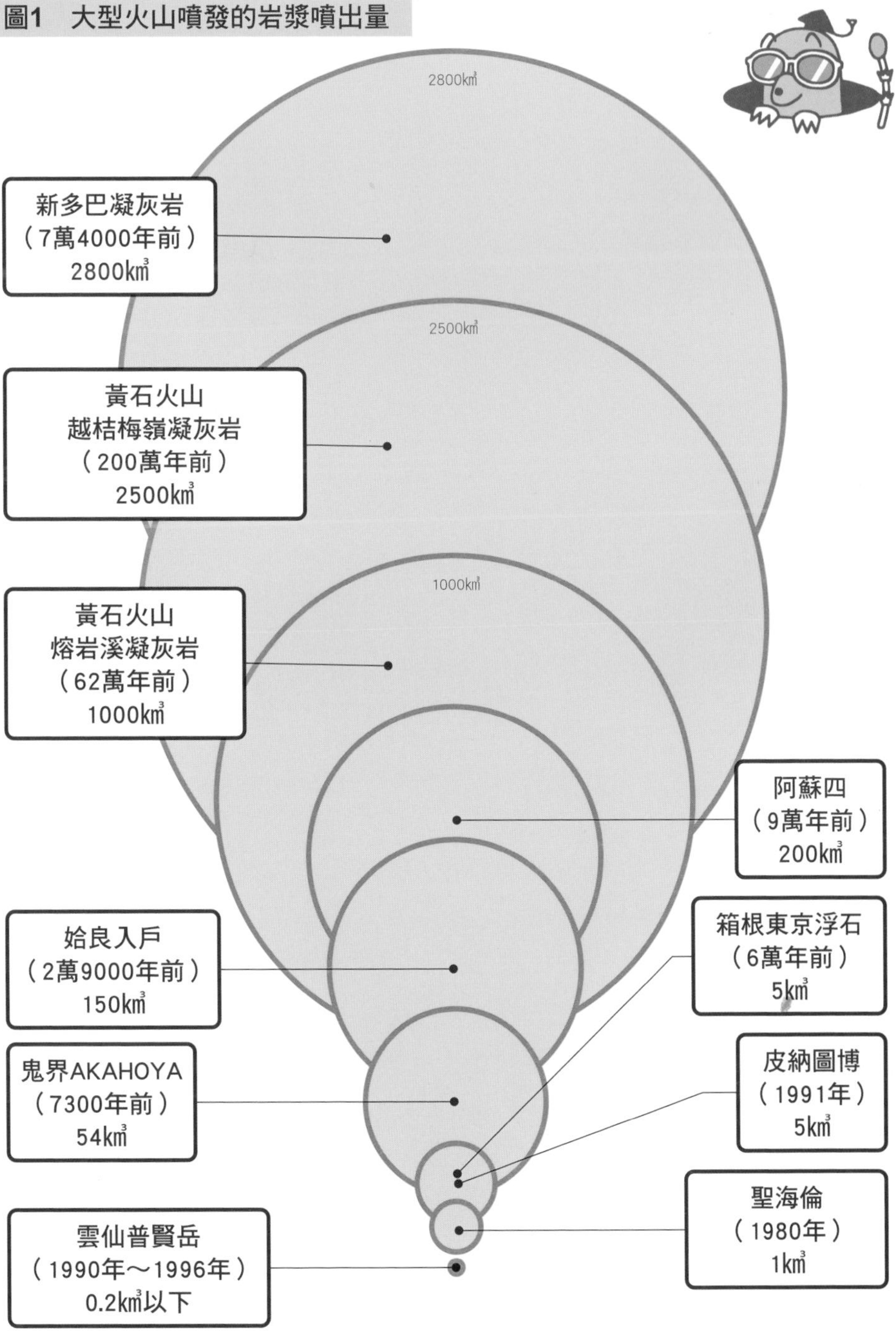
2800km³
2500km³
1000km³
新多巴凝灰岩
（7萬4000年前）
2800km³
黃石火山
越桔梅嶺凝灰岩
（200萬年前）
2500km³
黃石火山
熔岩溪凝灰岩
（62萬年前）
1000km³
阿蘇四
（9萬年前）
200km³
姶良入戶
（2萬9000年前）
150km³
箱根東京浮石
（6萬年前）
5km³
鬼界AKAHOYA
（7300年前）
54km³
皮納圖博
（1991年）
5km³
聖海倫
（1980年）
1km³
雲仙普賢岳
（1990年～1996年）
0.2km³以下

時間，地球大氣層都處於高硫酸濃度的狀態。在這段火山冬天的時期，平均氣溫下降超過10℃，而且可能持續了超過6年。

平均氣溫下降超過10℃時，**熱帶雨林就會全部覆滅，寒帶針葉林也會有一半滅亡**。如果這個狀態持續整整6年，又會變成什麼樣呢？人類的糧食生產肯定會大受影響。

多巴火山大噴發的平均間隔時間約為42萬年。上次發生在7萬4000年前，因此距離下次多巴火山噴發，似乎還有很長一段時間。

同樣屬於超級火山的黃石火山，曾在62萬年前噴出多達1000km³的岩漿，而再上一次的超級大噴發，則是在68萬年前。黃石火山距離上次噴發，已經過了62萬年。如果噴發間隔為68萬年，我們就不得不考慮，**現在的黃石火山已經進入隨時可能噴發的時期了**。

如果現在地球上發生超級火山噴發，人類是否能生存下來？

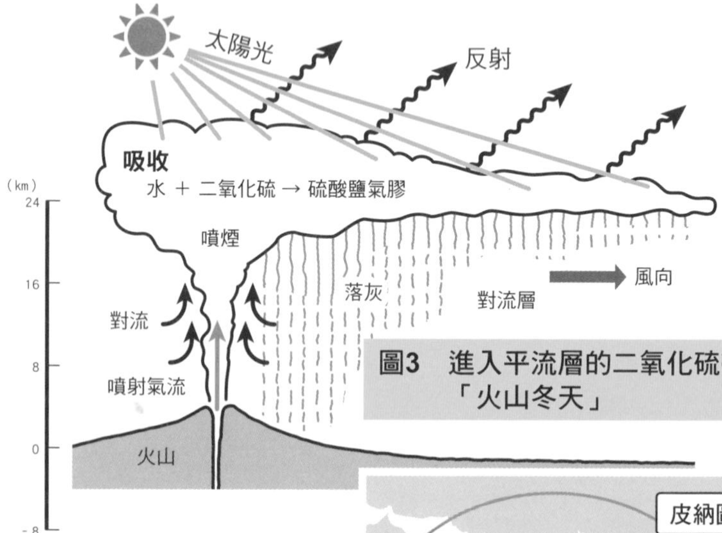

圖3　進入平流層的二氧化硫帶來「火山冬天」

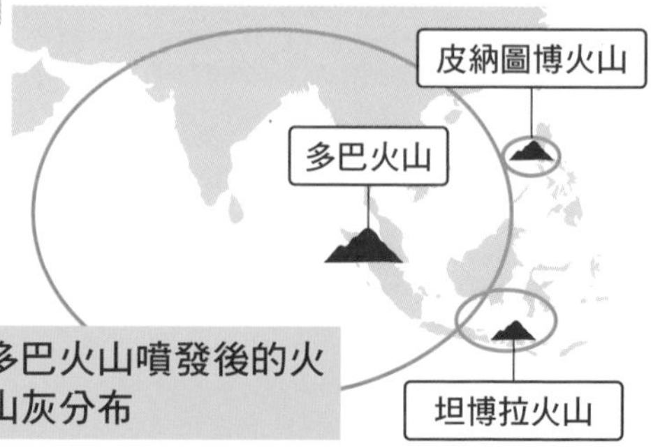

圖2　多巴火山噴發後的火山灰分布

PART2 火山學

09 板塊構造運動是什麼樣的現象？

板塊是讓地球內部冷卻的散熱器

地球的表層，會因**板塊構造運動（Plate tectonics）**而引發各種現象。**Plate 是板塊的英語，Tectonics 是構造運動（形成結構的運動）**，兩者結合的板塊構造運動到底是什麼呢？

寒冷的早上池水表面會結冰，而熱牛奶的表面會有一層薄膜，這些都叫做**熱邊界層**。冰層以及牛奶薄膜上方的空氣較冷，下方則是相對溫暖的水及熱牛奶。熱能在空氣、水及牛奶中是靠熱對流作用而流動，在冰層及牛奶薄膜等熱邊界層中，則靠熱傳導作用輸送。

固態地球的表面，**是由數片硬板塊（Plate）所構成，板塊的結構則是厚度100km以下的岩石（圖1）**。這些板塊其實就像池水表面的冰層或牛奶上的薄膜，是**覆蓋地球表面的熱邊界層**。地球內部的熱能會通過板塊傳導出來，以熱輻射的方式發散到寒冷的宇宙空間，因此板塊就像汽車引擎的**散熱器，讓地球內部冷卻**。

進一步觀察，可將板塊邊界分為3類。首先，較冷又重的**板塊會往地球內部隱沒，形成如海溝的地形**，屬於**聚合型板塊邊界**。而被聚合型板塊拉扯而逐漸裂開，形成如中洋脊的地形，則屬於**張裂型板塊邊界（圖2）**。

在中洋脊處，為了填補板塊裂開產生的裂縫，底部的高溫地函會上升並熔融，形成大量的玄武岩質岩漿。這些岩漿的一部分會以火山的型態噴出，剩下的岩漿會往中洋脊

圖2　聚合型板塊邊界及張裂型板塊邊界

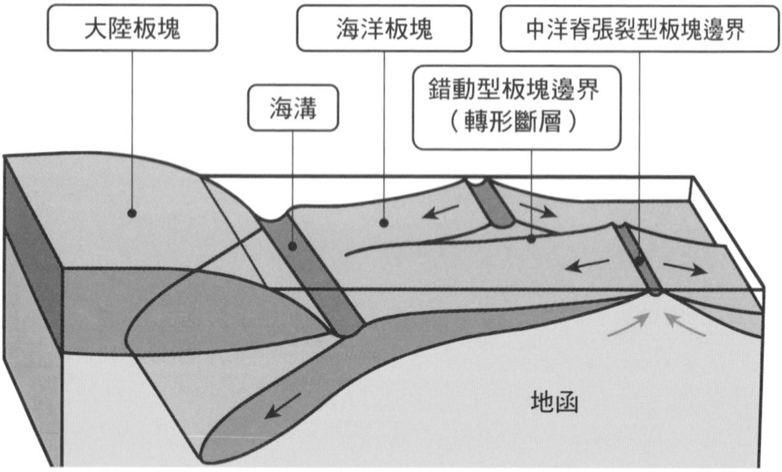

的兩側流下，直到遠離中洋脊後冷卻硬化，逐漸累積增厚，形成新的板塊。板塊移動時會一邊釋放熱能，最後因冷卻變重，**在重力的牽引下，從海溝處隱入地球內部**。

上述**板塊移動的原動力，來自板塊隱沒時產生的拉扯力**。就像把桌巾一角稍微往下拉，接著整張桌巾就會自己滑落，因此亦稱為**桌巾滑落理論（圖3）**。

最後一種板塊邊界類型，是板塊和板塊之間相互錯開的**錯動型板塊邊界**。

這類型的板塊邊界會因為受到擠壓、拉扯或摩擦等，導致板塊的歪扭逐漸累積，形成能量集中的不穩定地帶。尤其在張裂型板塊邊界或聚合型板塊邊界，容易造成**地震頻繁發生**，或**生成岩漿與火山**。不僅如此，聚合型板塊邊界的**地殼也可能因壓縮而變形、隆起，形成高聳的山脈**。

圖1　覆蓋地球表層的板塊

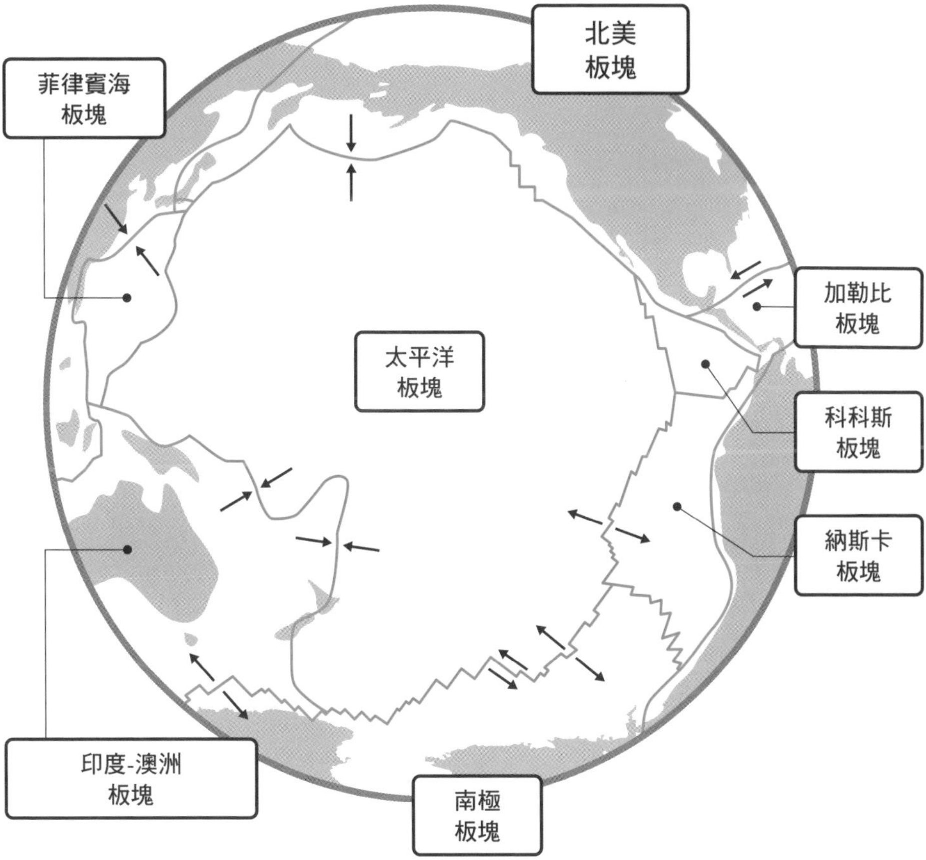

圖3　桌巾滑落理論

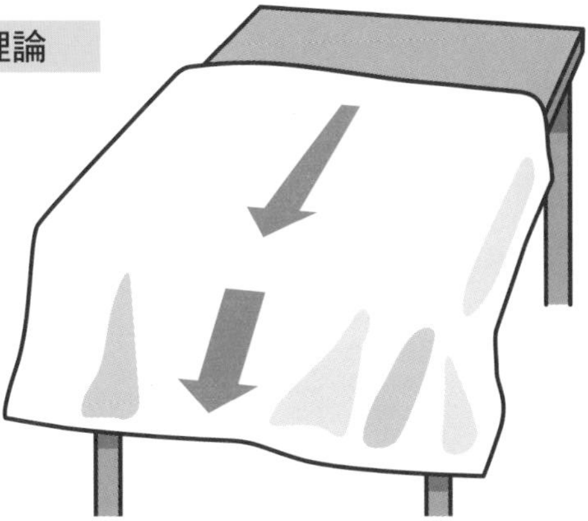

PART2 火山學

10 熱點火山是什麼？

夏威夷和黃石火山是地球的偉大作品

板塊構造運動，是讓地球內部的熱能散逸至宇宙空間的一種熱對流活動。而地函熱柱（Mantle plume），也是一種讓地球冷卻的熱對流機制。高溫的地函熱柱，會**從地核與地函的邊界緩緩上升到地表附近，整個過程長達1億年左右**。有高溫地函熱柱上升活動的地區，就叫做**熱點（Hot spot）**。

現在地球上有許多熱點，**最有名的就是夏威夷島，以及美國西部的黃石火山（圖1）**。熱點大部分位在海洋地區，位於大陸地區的黃石火山相當罕見。

黃石火山位於很厚的大陸地殼上，因此，從地函上升的玄武岩質岩漿會先熔融大陸地殼，**產生大量的流紋岩質岩漿，再發生大規模噴發，形成大型的破火山口**。

另一方面，夏威夷島則位於較薄的海洋地殼上，故地函裡形成的**玄武岩質岩漿會直接大量噴發**。

地球表面被板塊覆蓋，這些板塊會因對流作用而不斷移動著。但是，地函熱柱是從地核及地函邊界的深處向上升的**（圖2）**，換言之，**地函熱柱是被固定在深處的**。至於板塊，則是在地函熱柱的上方移動。

現在的夏威夷島就位在地函熱柱的正上方，岩漿的噴發活動相當蓬勃。夏威夷群島包含夏威夷島、誕生於100萬年前的茂宜島、200萬年前的摩洛凱島、300萬年前的歐胡島，以及500萬年前的考艾島等，由東南向西北方依序排列。這些島嶼的分布型態，就是太平洋板塊在夏威夷地函熱柱上方往西北方移動的軌跡。

黃石火山也是一樣，現在的地函熱柱雖然位在火山正下方，但是在火山的西南方，至少還排列著6個以上的巨大破火山口。其中，離黃石破火山口最遠、年代最久遠的古老破火山口，是1500萬年前的產物。這就是**北美板塊在黃石火山地函熱柱上方往西南方移動的軌跡**。

見識過這些熱點火山後，不禁令人感嘆，地球的造化是如此宏大，跨越的時光是如此久遠，充滿磅礴躍動的生命力。

圖1　地球上具代表性的熱點

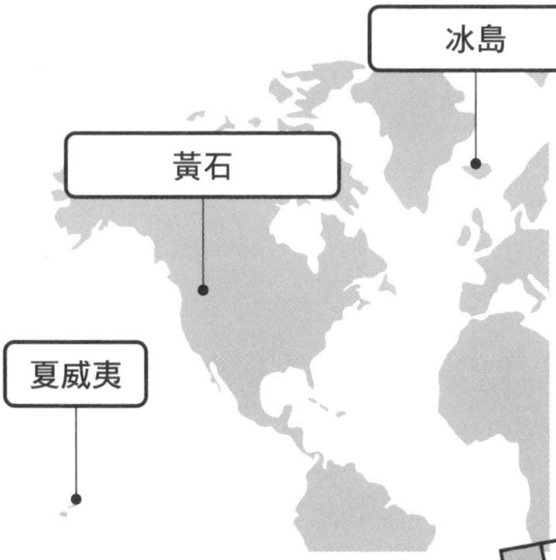

圖2　地函熱柱位於地函和地核的邊界

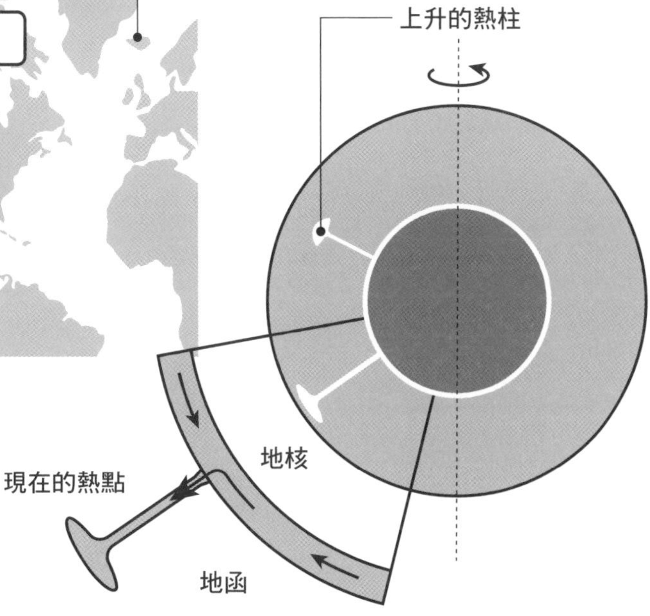

PART2 火山學

11 頻繁噴發的神祕冰島

中洋脊與熱點間的密切關聯

19世紀的法國小說家朱爾·凡爾納（Jules Gabriel Verne）著有知名的探險小說《地心歷險記》。故事敘述主角一行人從冰島火山口進入地心，最後從義大利的斯特龍伯利火山口，跟著岩漿一起噴出。冰島是被冰河覆蓋，卻會頻繁反覆噴發的巨大火山島，這在歐洲的歷史時代就已廣為人知。

2010年艾雅法拉（Eyjafjallajökull）火山噴發（**圖1**），從噴煙降下大量火山灰，導致西歐各國許多機場關閉。此外，1783年到1785年拉奇火山（Laki）的大規模噴發中，從長達25km的火山裂口中流出12km^3的玄武岩質岩漿，加上同時噴出大量有毒火山氣體的影響下，損失了許多家畜，造成歐洲發生饑荒，冰島本地的犧牲者則超過9000多人。

冰島有一條生成於70萬年前的裂縫帶（**圖2**），從東北向西南方延伸。這條裂縫帶上有許多火山噴發，也會發生像拉奇火山一樣，綿延數10km的長型玄武岩質岩漿的**裂縫噴發**。這條**裂縫是由於板塊張裂而產生的裂谷，在冰島稱為Gjá（圖3）**。冰島可說是被這條裂縫帶分成了東西兩邊，有許多年代久遠的火山岩分布。

這條裂縫帶一路延伸到大西洋裡，**成為大西洋中洋脊（板塊）**。換言之，冰島是中洋脊露出於海面上的一段，是難得一見的景象。

為什麼只有冰島隆起於海面上呢？

以地震波探測冰島下方會發現，從地底一直深入延續到地核附近，存在一條會使地震波速度減慢的高溫區域，這就是高溫地函熱柱的通道。也就是說，冰島隆起的原因，是由於**地函熱柱上升而形成熱點**的緣故（圖4）。

冰島是中洋脊與熱點兩者重疊的地點，極為罕見。其實除了冰島以外，大西洋裡還有幾個同樣是中洋脊與熱點的重疊之處，只是這些地方都並未露出到海面上。大西洋板塊是盤古超大陸分裂後的產物，而**呈鏈狀排列的熱點，被認為是最初引發超大陸分裂形成大西洋的原因**。也就是數個熱點的連線，成為板塊分裂的起點，最終便形成了中洋脊。

由此可見，熱點和板塊構造運動，意外有著十分密切的關聯。

圖1　2010年艾雅法拉火山噴發

2010年4月17日，NASA的人工衛星阿卡（Aqua）在北大西洋上空，拍攝到正在噴出火山煙的艾雅法拉火山。噴煙帶來大量的火山落灰，導致西歐各國機場關閉。

圖2　冰島的裂縫帶（中洋脊）

圖3　冰島的裂縫帶與火山

圖4　貫穿冰島的中洋脊與地函熱柱

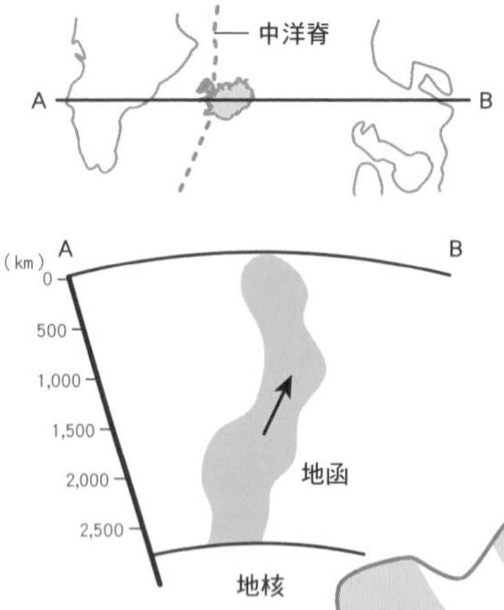

PART 3

氣象學

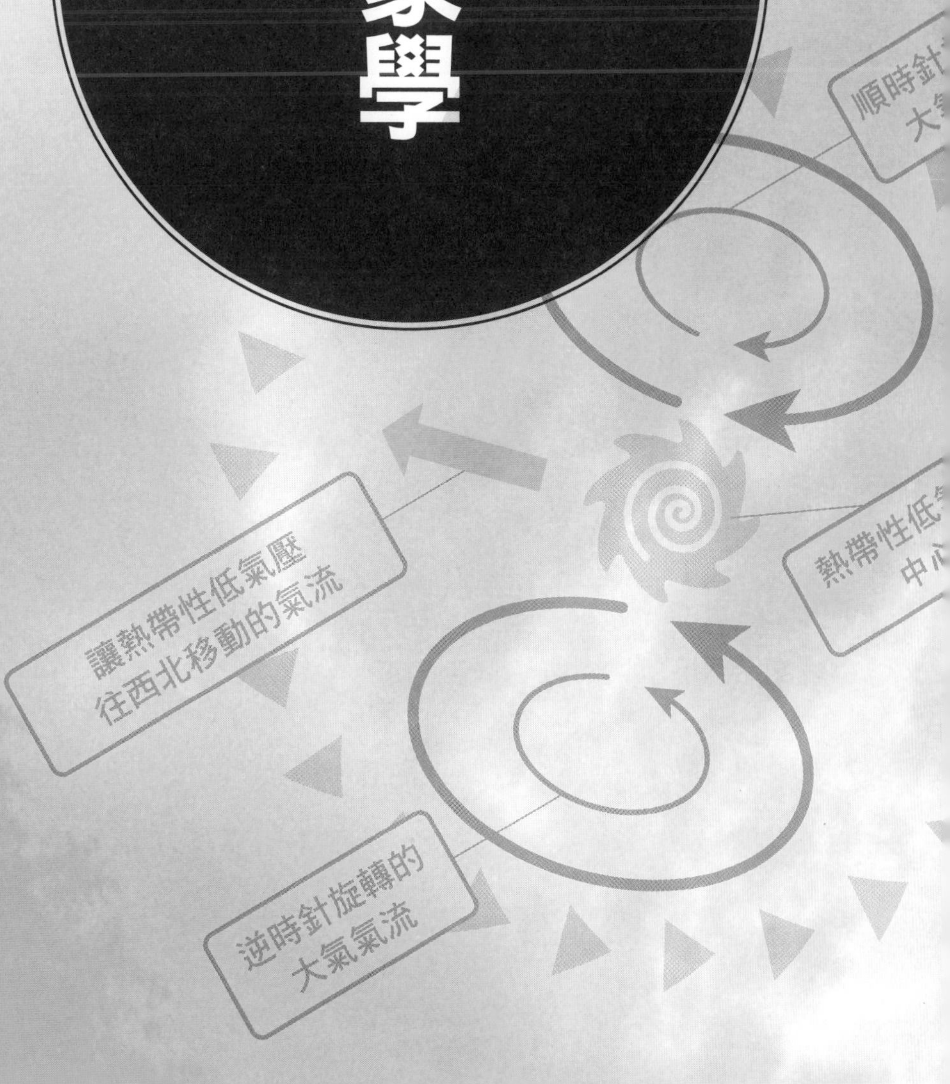
讓熱帶性低氣壓
往西北移動的氣流
逆時針旋轉的
大氣氣流

PART3 氣象學

01 暖化的機制是什麼？

人類破壞自然平衡，使溫室效應急遽增加

地球受到太陽光照射而加溫，同時，也會將熱能以紅外線的形態釋放到宇宙空間，透過兩者之間的平衡來決定溫度。**如果沒有包圍地球的大氣層，單純只以熱能的吸收和釋放來維持平衡，地球平均氣溫會降到零下18℃**。在這樣嚴酷的環境下，許多生命將難以維持。

真實的地球被氧氣及氮氣等大氣包圍，這些大氣中含有少量的二氧化碳與一氧化二氮等溫室氣體。

這些溫室氣體有個有趣的性質，它們幾乎不吸收太陽日照的短波輻射，卻會吸收地球釋出的紅外線等長波輻射。因此，這些**溫室氣體會將地球釋出的紅外線中途攔截吸收並加溫，再把熱能放射回地表**，使地球變溫暖（圖1），這就叫做溫室效應。**透過溫室效應，地球才得以保持在平均氣溫15℃左右**，打造出適合人類及其他生物活動的環境。

二氧化碳是溫室效應裡舉足輕重的角色，在地球的歷史中，大氣中的二氧化碳濃度曾發生巨大變動，地球的溫度也隨之變化。

最近的地球暖化相關新聞中，最受關注的是**由於燃燒煤炭及石油等石化燃料，使人為製造的二氧化碳濃度在大氣中逐漸增加**。過去的地球，二氧化碳會透過植物，以煤炭及石油等形態儲存在地底，讓地球環境保持在冷熱適宜的狀態。但自從工業革命以來，人類挖出這些二氧化碳並加以利用，使得大氣中的二氧化碳濃度增加，形成環境問題。

大氣中二氧化碳濃度少量的增加，會被海洋或森林吸收而重新取得平衡，但現在的二氧化碳以前所未見的速度暴增，已經超過地球自我平衡能力的極限，隨之而來的問題，便是驟增的溫室效應，導致地球溫度急速上升。

溫室效應的結果，造成氣候機制失去平衡，各種氣候的變動可能或正在發生。暖化的影響並非平均緩慢地到來，變動的幅度相當劇烈，因此我們必須擔心，隨著暖化加劇，發生極端現象的頻率將可能有增無減。

圖1　溫室效應的機制

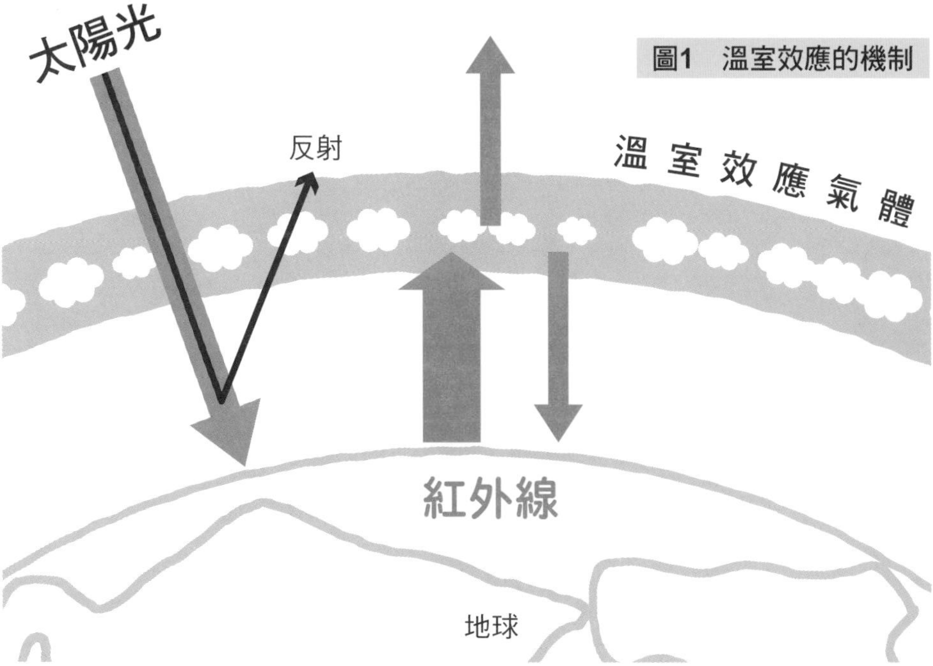

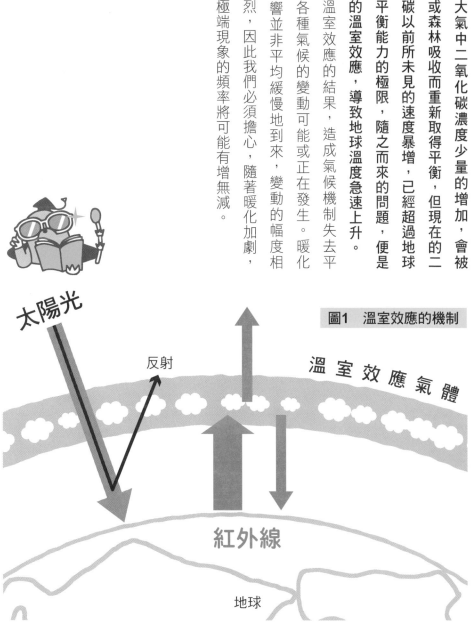

02 暖化讓北極的冰融化，會發生什麼事？

海水吸收暖化產生的熱而膨脹，導致海平面上升

隨著地球暖化，海平面上升問題也備受關注。IPCC（政府間氣候變化專門委員會，Intergovernmental Panel on Climate Change）每幾年就會聚集世界各國的科學家，匯集學界意見並公布報告書。專家在第5次報告書（AR5）中指出，**1901年～2010年的平均海平面上升了19cm，在未來大約100年間，（與1986年～2005年的平均海平面高度相比，2081年～2100年的平均海平面）可能還會上升40至63cm**。

這邊必須注意的是海面上升的原因。陸地的冰河或冰蓋融化成水、流入海洋，導致海平面上升，一般人很容易聯想到這個畫面吧？但實際上，海平面上升的原因不只如此，**「海水熱膨脹」**其實才是更重要的因素。也就是說，**海水吸收了地球暖化的熱能後膨脹，因此造成海平面上升**。如今，海水熱膨脹的影響力已經和陸地雪水融化一樣大，未來也將成為海平面上升的最大原因。

另一方面，以數千年的時間尺度來看，南極冰蓋融化造成的海平面上升，可能已達數公尺高。無論原因為何，海平面上升不僅會淹沒島嶼，對海岸的建築物也是嚴重的威脅。

那麼，隨著暖化發展，海水會怎樣呢？

根據IPCC的報告書顯示，北極海的海水面積最近正在減少（**圖1**）。此外，世界眾多研究機構的氣候模型預測都指出，**如果暖化急速加劇，在本世紀內，北極海9月**

份（9月是歷年紀錄海水面積最小的一個月）的海水就會消失（這也引起是否開發北極海航線、如何處理該區海底資源等討論）。

冰的熱傳導率不佳，以氣象的層面來看甚至可視為隔熱材。例如在冬季，海上被結冰層覆蓋的區域（即使是多年冰，平均厚度也只有3m左右），海水和空氣之間發生的熱能交換量非常非常少，但只要有一部分沒有冰層覆蓋到的區域（稱為冰間（Lead）或冰隙（Polyna）），海水的熱能及水蒸氣就會被運送到空氣中，占了整個區域熱能及水蒸氣運輸量的絕大部分。因此，**冰的有無，會改變該地區輸送熱能及水蒸氣至上方大氣層的狀態，為氣候機制帶來巨大的影響**。

不過也有研究指出，整個冰凍圈並非以同等的速度平均消融，消融程度在地域性和季節性上的差異，可能會引起中緯度各地的天候異常現象（包含暫時性的低溫寒化）。

圖1　北半球年平均冰域面積的變化趨勢

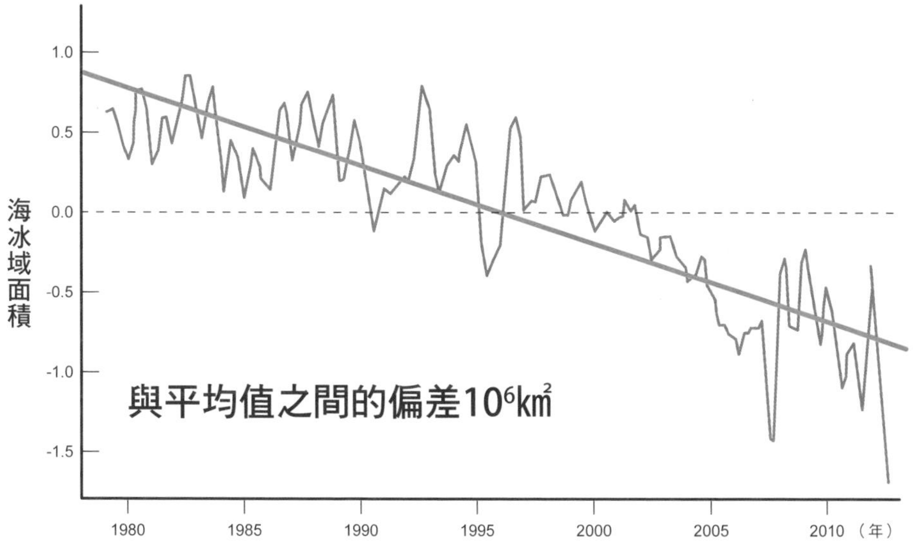

出處：由IPCC第5次報告書圖4.6製成

PART3 氣象學

03 北極和南極哪邊比較冷？

是否為陸地，在兩極圈內的相異條件

世界**最低溫的紀錄出現在南極的俄羅斯沃斯托克考察站（Vostok Station，圖1），紀錄數值為零下89．2℃**（另有資料指出，2008年8月10日，根據衛星資料分析，南極大陸東部的高地曾達到零下93℃的紀錄）。說到極點，南極點和北極點通常被視為同樣寒冷的地區，但實際上究竟是哪邊的溫度比較低呢？

若要比較兩邊的溫度，就要考慮極點本身所在的地形和環境差異。北極位在海洋上，周圍有廣闊的海域，因此標高較低；南極位於寬廣的大陸上，還有厚厚的冰河覆蓋，因此標高較高。因此，如果單純以上述條件做比較，**南極點由於標高較高，氣溫也較低**。

接著，我們來看海洋的影響。**比起土壤或岩石，海水的性質是升溫難，降溫也難**。因此，**近海的土地跟內陸相比，溫度的變化較小，氣候比較溫和**。

以日本關東地區為例，位於海岸的千葉縣銚子與內陸的櫪木縣宇都宮相比，銚子的夏季最高溫低了4℃，冬季最低溫則比宇都宮高6℃。兩地的緯度都在北緯35、36度左右，可見沿海和內陸地區的溫差有多明顯。

在世界各地，都有愈往內陸走、年溫差就愈大的現象，因此，也出現用年溫差來衡量的「陸性率（Continentality）」指數。南極點位於大陸內部，自然氣溫也比較低。

另一方面，**根據WMO（世界氣象組織）**

圖1　南極大陸俄羅斯沃斯托克站的位置

圖2　俄羅斯極東地帶，維科揚斯克、奧伊米亞康的位置

的記載，北半球最低溫紀錄是零下67．8℃，地點在1892年2月俄羅斯的維科揚斯克。而同樣在俄羅斯的奧伊米亞康，也在1933年2月觀測到零下67．8℃（由於觀測儀器的準確性問題，報告中列出2個地點）。由於這些紀錄點位在海冰地帶的內陸地區**（圖2）**，氣溫才會如此嚴寒（北極點的最低溫度只有零下43℃左右）。

順帶一提，如「暖化讓北極的冰融化～」（P70）所述，被海冰覆蓋的冰原，冰層會成為一種隔熱體，降低來自海洋的熱能運送量，使該地呈現與陸地冰原相同的氣候特性。例如北海道的鄂霍次克海一側，當流冰到來時，該地氣候就會變得與內陸相近。不過，流冰的厚度有限，來自海洋的熱能運送也未斷絕，因此氣溫還不至於像內陸一樣低。

接下來，討論南極氣溫時的另一個重要因素，就是地理位置。**南極大陸與其他大陸分離，低溫的空氣累積後形成極地高壓帶，讓風由此朝低緯度的方向吹去（極地東風），接著又爬升到高空，流回南極大陸，形成一個氣流循環系統。**

當氣流抵達緯度較低的地區時，會碰上中緯度西風帶，此處盛行強勁西風，進一步將氣流與低緯度區的暖空氣阻隔開來，使低溫氣團處於孤立狀態，更容易成長壯大。海洋方面也和北半球不同，南極大陸被強力的南極繞極流（Antarctic Circumpolar Current）包圍，阻礙了洋流向大陸傳遞熱能。

此外，自從3000～2500萬年前南美的德雷克海峽（Drake Passage）出現，形成了南極繞極流之後，便益發促進南極冰河的增長。由本節內容可知，與北極相比，南極在上述原因的影響下，較能維持低溫環境，氣溫也比北極更低。

04 PART3 氣象學 聖嬰現象與反聖嬰現象是什麼？

南美和印尼的氣壓就像蹺蹺板

南美的祕魯和厄瓜多的近海地區，因為有從深層湧上來的低溫上升流，形成很好的漁場。耶誕節前後，附近海域的東南信風較弱，連帶著這股上升流也會減弱，使得赤道區域的溫暖海水回流，讓東太平洋表層的水溫上升。捕魚活動會在此時暫緩，由於正值耶誕節，人們便稱此現象為**聖嬰（El Niño，西班牙文表示神之子耶穌基督）**。

不過，海水溫度上升的現象，有時會持續數月至1年以上。且不僅止於祕魯近海，甚至**整個赤道太平洋東部的海水表層溫度都會上升（印尼東部的海水溫度則下降）**，**與季節性出現的聖嬰不同，現在便以聖嬰現象稱之**。

順帶一提，與此相反，海水溫度下降的現象就稱為反聖嬰（La Niña，女孩之意）現象。

在熱帶東太平洋海域，經常吹著來自東邊的信風，將溫暖的海水推向西邊，因此，東太平洋的海水溫度相對較低。然而，若在未知因素的影響下，出現東風減弱、西風增強的情形時，溫暖的海水會向東方流動，使東太平洋的水溫上升，這就是聖嬰現象**（圖1）**。此外，在不同的季節，聖嬰現象造成的影響也不同**（圖2、圖3）**。

海水溫暖的區域，水蒸氣的蒸發也比較旺盛，低氣壓會帶來較多的降雨；但**當聖嬰現象發生時，暖水區會往東移動**。隨著海水溫度變化，在海面上方形成的高、低氣壓位置

圖1　赤道太平洋的海水溫度分布及信風對流活動的分布

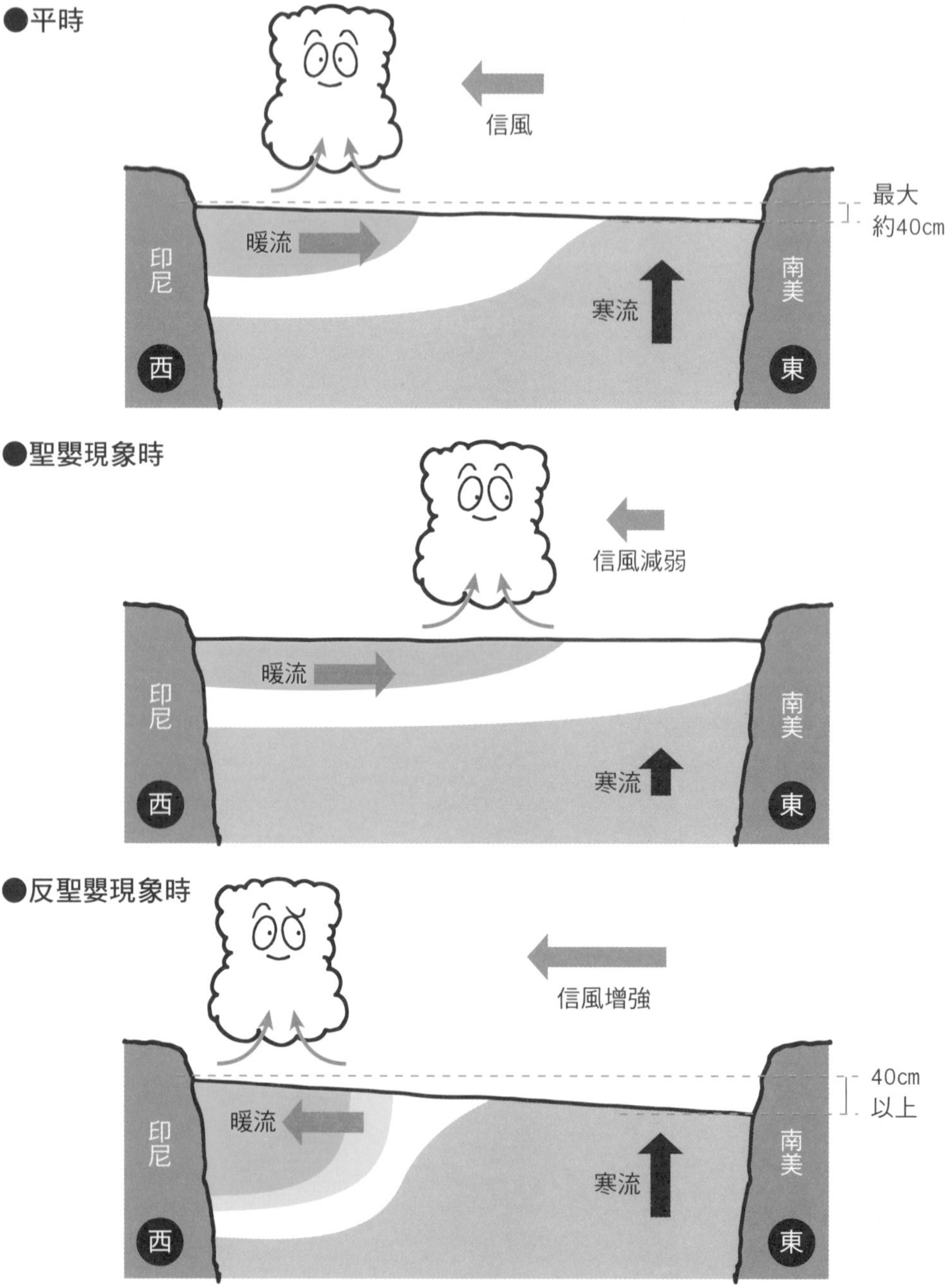

出處：由日本氣象廳 HP 製成

也會產生偏移，進而改變海水周邊空氣上升及下降的區域，**這種影響如波浪般傳遞出去的現象，稱為「遙相關」（Teleconnection）**，也因為如此，**就容易使日本附近出現涼夏或暖冬的氣候**。

不過要注意的是，**像日本一樣的中緯度地區，氣候不會只受到熱帶的影響，來自高緯度及中緯度地區的影響也很大，因此，無法斬釘截鐵地把聖嬰現象和特定氣候變化畫上等號**。

此外，當聖嬰現象發生後，又是什麼變化讓聖嬰現象和緩下來？關於這方面的氣候變化機制，也有人提出延遲振盪理論（Delayed Oscillator Theory）來解釋。

順帶一提，印度氣象局的局長沃克在研究**南美和印尼**的地面上氣壓時，發現這**兩個地點的氣壓上升與下降活動是相反的，也就是說，兩方的氣壓活動就像蹺蹺板一樣**，因而將這個狀況稱作**南方振盪現象**。這是由於兩方的海面溫度高低不同，導致各自產生了低氣壓及高氣壓的環境，說明了聖嬰現象只是從大氣中觀察到的現象。因此，現在也有人將此現象以聖嬰—南方振盪（El Niño Southern Oscillation）的字首表示，稱為ＥＮＳＯ。

圖2　聖嬰現象對夏季氣候的影響

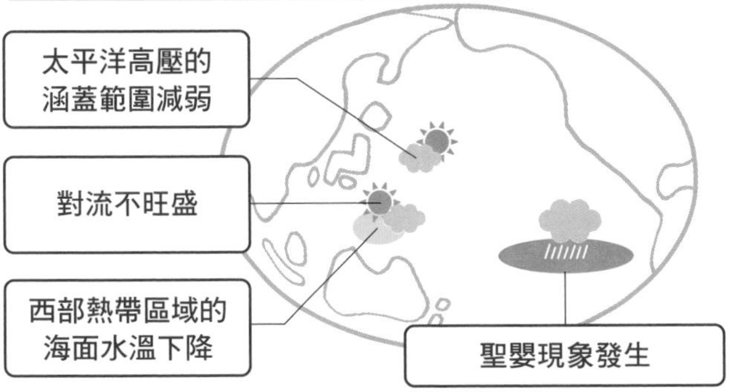

圖3　聖嬰現象對冬季氣候的影響

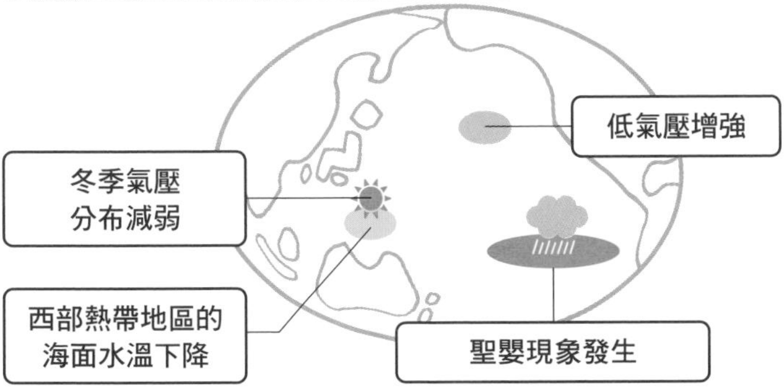

出處：由日本氣象廳HP製成

05

PART3 氣象學

高氣壓與低氣壓如何生成？

北半球的低氣壓風向為逆時針旋轉，高氣壓為順時針

關於陸地面向海的一側，上方的空氣型態又是如何呢？夏季的白晝，地面容易因太陽的照射變暖並提高溫度，與地面接觸的上方空氣溫度也會跟著提高。

另一方面，如果在海面上方，由於水不像陸地一樣容易升溫，因此與陸地上方的空氣相比，海面上方的空氣溫度就會比較低。

如果以已知的原理推測，暖空氣較輕，而冷空氣較重，那麼此時就會**發生暖空氣上升，冷空氣下沉遞補的現象，這便會形成海風（圖1）**。如果比較兩邊的空氣重量，會發現風是從冷而重的空氣（氣壓高），吹向暖而輕的空氣（氣壓低）。與此相反，夜間的陸地風也是相同的道理，風會從陸地（高氣壓）吹向海洋（低氣壓）。

我們再思考看看規模更大的狀況。以冬季的歐亞大陸及太平洋為例，風一樣是從累積了冷重空氣的大陸地區（高氣壓）吹向海洋（低氣壓）。其實，**自轉的地球上存在一種名為科里奧利力（Coriolis Force，簡稱科氏力，也稱偏向力，詳見本書P87）的慣性力在作用，因此運動中的物體（風）在北半球的行進方向會向右偏轉**。因此，**空氣集中的低氣壓會呈現逆時針方向旋轉，空氣飛散的高氣壓則呈現順時針方向旋轉**，這就是日本冬季會吹西北風的原因。

把眼光拉遠到整個地球，在日本所在的中緯度偏西風帶裡，暖而輕的低緯度空氣，

會吹到冷而重的高緯度空氣上方，形成兩個互相交錯的區域：暖空氣爬升到北方冷空氣上方的區域，以及冷空氣從北方下沉、填補暖空氣留下的空缺的區域（**圖2**）。兩個區域交界面（前者為暖鋒，後者為冷鋒）的振動幅度增大，交界面兩邊的區域，通常會形成我們一般在春秋會看到的低氣壓，以及移動性的高氣壓。

低氣壓的空氣會往中心收束並形成上升氣流，水蒸氣在上空冷卻後，就容易形成雲。

另一方面，高氣壓的空氣在匯集後會沉降，使空氣溫度上升、雲層消失，天氣放晴。

圖1　海風說明圖

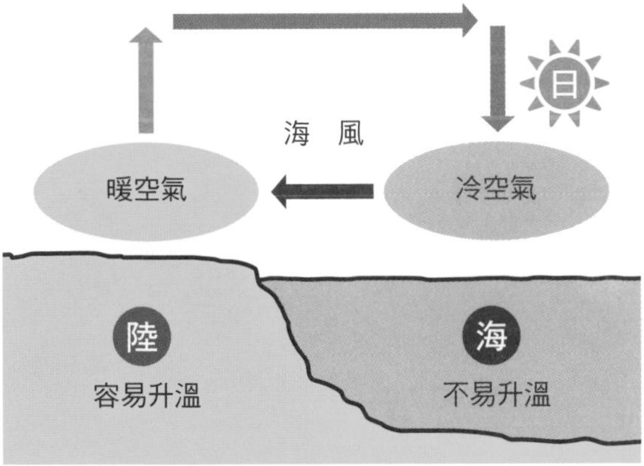

圖2　高氣壓、低氣壓說明圖

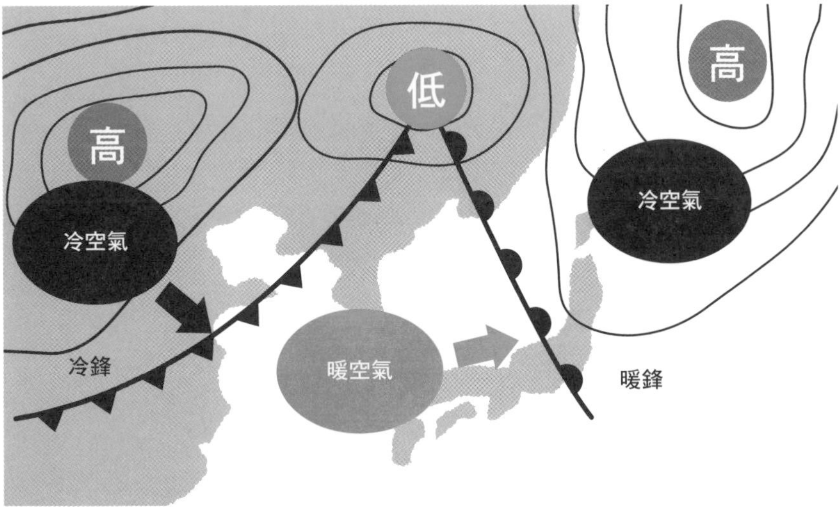

06 吹過地球的風是如何產生的？

為什麼北半球的副熱帶上空吹西南風，陸地卻吹東北風

各位讀者應該知道，地球上的不同區域，基本上都有固定的風帶。從太陽輻射到地球上空的太陽能，在高緯度和低緯度地區的量幾乎是相同的，但是因為地球是球狀，低緯度地區的地表會從正上方受到日照，高緯度地區的日照則是以接近水平的方向接觸地表。因此，根據緯度不同，每單位面積接收到的太陽能也不一樣，從而產生了溫度差異。

以地球而言，為了將接收到的**熱能平均分配，就會發生熱能傳遞現象。**基本上，熱能**會從溫度較高的低緯度向高緯度傳遞，除了經由洋流傳遞，也會藉大氣的流動運送熱能。**

有關大氣的熱能傳遞，首先是低緯度的暖空氣上升，在上空分別往兩極方向移動。這股氣流到達南北緯30度左右的中緯度地區後，就會往下沉降（副熱帶高壓帶：在大陸地區易形成沙漠），到達地表的空氣再往低緯度地區流動，形成一個循環（**圖1**）。

由於地球會自轉，地球的風向會受到**科里奧利力**的作用（參照P87），在北半球（南半球）上空會往右（往左）偏轉。因此，在北半球（南半球），**這個循環在上空會形成西南風（西北風），而在地表處則形成東北風（東南風）。這個循環又稱哈德里環流圈，而在地表往赤道方向吹拂的風，就是自古以來廣為人知的信風（貿易風）**。而哈德里環流圈之所以無法延伸到北極，是因為愈往高緯度，科里奧利力就愈大，行進方向會更加偏轉。

另一方面，**在以兩極為中心的高緯度地區，冷而重的空氣會往低緯度方向移動，再從中緯度地區經由上空回到極地，形成循環。**這個循環同樣也會受科里奧利力作用而偏轉，**因此，接近地表的風在北極是東北風，在南極則是東南風。兩者合稱為極地東風帶（Polar easterlies）**。

那麼，中緯度地區又是如何呢？

將低緯度及高緯度地區連接起來，就會形成另一個循環，這個連接兩循環剖面的循環，稱為費雷爾環流（Ferrel cell）。不過不像其他兩個一樣，費雷爾環流沒有明確的循環方向，是另外兩種循環在緯度線上取得平衡時會才出現的間接循環。

實際上，**因南北溫差而產生的風，在中緯度地區十分盛行，且在南北兩半球均是強勁的西風（中緯度西風帶，Westerlies）**。熱能會乘著跟隨西風移動的波動（低氣壓、高氣壓），往高緯度方向移動。

圖1 大氣循環模式圖

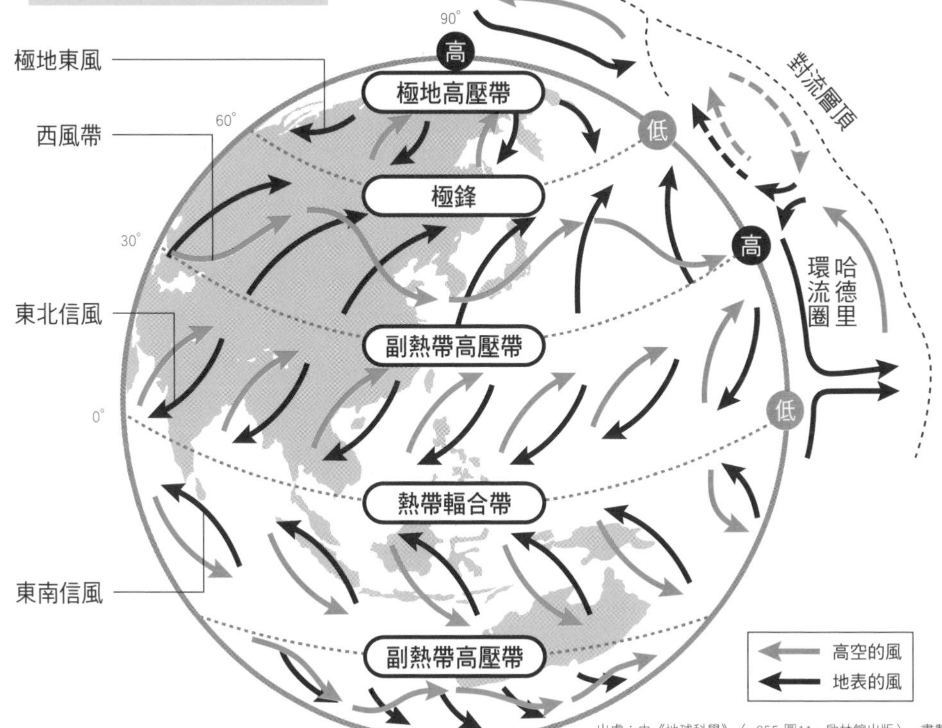

出處：由《地球科學》（p255 圖11，啟林館出版）一書製成

07

PART3 氣象學

為什麼會發生焚風現象？

用越過山頂空氣的乾絕熱率及溼絕熱率來說明實際狀況

報紙及電視的新聞上，經常出現焚風將導致氣溫上升的報導。焚風現象的成因到底是什麼呢？

「焚風」原本就是**為人所知，會出現在歐洲阿爾卑斯山的暖風現象**。在日本，早春時越過中部山岳地區吹向日本海的南風也相當知名，會引發以該季節而言相當高的氣溫。

最近，關東平原西部在夏季出現破紀錄的高溫，也被認為是從西側山岳地區吹來的焚風所致。

愈往高處去，氣溫就愈低，這一點會在本書「靠近太陽的山上為什麼反而比較冷」一節中（P90）詳細說明。那麼，氣溫隨高度上升遞減的幅度又是如何呢？

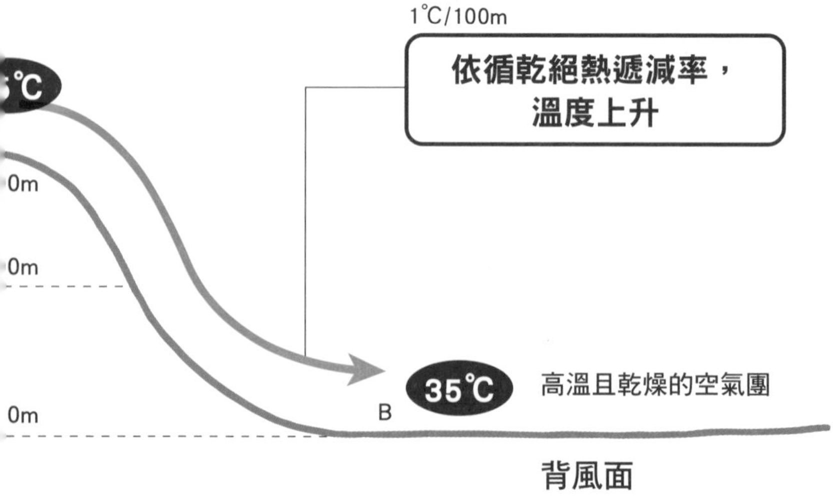

出處：由《地球科學》（p238圖26，啟林館出版）一書製成

如果讓一團空氣在不加熱的情況下上升，空氣會膨脹（作功）而使溫度下降。將這個熱**力學的算式與流體靜力平衡（上升到某個高度下氣壓會有多少程度的下降比例）的算式結合，就能計算並得到每100m約下降0.98℃（約1℃）的答案，**這個比例就稱為**乾絕熱遞減率（Dry adiabatic lapse rate）**。也就是說，依循這個公式，就能從地表的氣溫，一定程度地推測出高空的溫度。

不過，必須注意這項推論中包含一個條件，就是假設「在空氣上升途中，水蒸氣不會凝結成雲」。當水蒸氣凝結成雲時，水蒸氣所含的熱能就會釋放到周圍的空氣中，這些空氣的溫度就不會下降。因此，**在半途中形成雲時，空氣的溫度遞減率就會小於乾絕熱遞減率，這項比率稱為溼絕熱遞減率（Saturated adiabatic lapse rate），大約是每100m為0.5℃左右。**

圖1　焚風現象說明圖

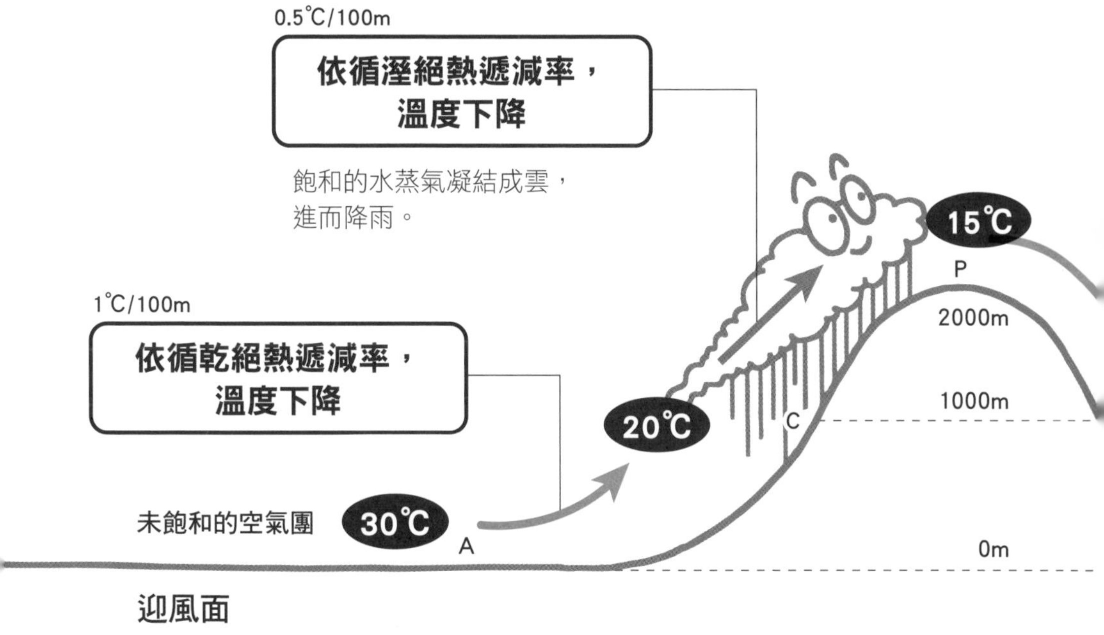

我們來設想一個假設的情境。如**圖1**所示，有一團空氣從低地的A點越過2000m的高山後，到達對面的低地B點。途中，在高度1000m的C點到山頂的P點之間會形成雲並降雨，而另一側則為乾燥無雲的天氣。

為了簡化計算，先假設低地A點的空氣溫度為30℃。而形成雲的C點溫度，可以從A點開始用乾絕熱遞減率來計算。1000m溫度會下降10℃，因此C點溫度為20℃，但是從C點到P點間有雲產生，因此，根據溼絕熱遞減率計算，1000m會下降5℃，因此P點為15℃。

在山的另一邊，當空氣在背風面下降時，氣壓會上升，因此空氣溫度也會提高。加上沒有雲產生，所以根據乾絕熱遞減率，從P點到B點共下降2000m，溫度會上升20℃，最後抵達B點時就是35℃。

從上例可見，空氣在爬升時一邊產生雲並翻越過山，就會從A點的30℃變成B點的35℃，溫度上升了5℃。這就說明了焚風現象中，為何空氣的溫度會比原本還高。

不過，歐洲還有一種與焚風類似的乾燥冷風，會從阿爾卑斯山脈往下吹向亞得里亞海，以「布拉風（Bora）」之名為人所知。布拉風發生在冬季，是一種空氣越過山後，溫度會上升的現象。

布拉風實際上和焚風是同樣的現象，但由於空氣在越過山脈前的溫度相當低，就算越過山脈後溫度稍微升高，還是比背風面地區原本的氣溫低。因此對居民而言，布拉風仍是一道相對冷冽的寒風。

08

PART3 氣象學

颱風為什麼會直撲日本？

與夏季的北太平洋高壓和西風帶有密切關聯

在日本，**在北太平洋西部（東經180度以西）產生的熱帶性低氣壓中，內部最大風速達34浬（17.2m／秒）以上的，就稱為颱風**。通常颱風會發生在海水表層溫度27℃以上的海域，但在**科里奧利力**較弱的熱帶北緯**5**度到南緯**5**度之間，不會產生颱風，這是因為颱風主要是以海面水蒸氣的熱做為能源，讓多個積雲對流相互結合發展而成，當風聚集時，需要科里奧利力與地表摩擦力的作用，才能形成颱風。因此，在北緯5度至南緯5度之間的海域，由於科里奧利力較弱，無法產生颱風。

颱風雖然是在靠近熱帶、海水溫度較高的區域產生，但**一旦發生後，颱風會開始向西移動，越過北緯20~30度的轉向點後，就會加速朝東北前進，抵達日本近海**。每年會有27~28個颱風形成，通常在6月到10月之間來到日本附近。

颱風的移動，受大尺度環流的影響很大，經常發生於海拔3~5km處。因此，颱風的行進路線會依當時的氣壓分布而改變。雖然有時會在其他颱風的相互作用下變得更加複雜，但基本上，**當夏季北太平洋高壓較強時，颱風會沿著高壓西側的外緣繞過北上，之後再順著西風帶往東北移動**。

不過，當颱風誕生，也就是颱風在熱帶附近的低緯度地區產生時，是藉著什麼力來移動的？

颱風雖然也會受大氣循環（如附近的東風

帶）的影響，不過在颱風誕生時，主要還是行星渦度（Planetary vorticity）在不同緯度的差異（β效應，二次環流效應）影響較大。**地球以地軸為中心旋轉，所以在旋轉中的地表上方的大氣，也會受到地球自轉的影響而旋轉。**

但由於地球為球體，自轉的影響會依據緯度而有所不同。**高緯度的平面上，地球自轉會直接影響氣流，因此，氣流的旋轉程度（渦度）較大**。例如在赤道等低緯度地區，因為地球的自轉軸與地表面平行，所以對氣流的旋轉沒有影響。這與赤道地區沒有科里奧利力的作用原理相同。**大氣的絕對渦度，就是這種地球旋轉產生的渦度（行星渦度）與風相對於地表產生的渦度（相對渦度）相加而成**，而這個**絕對渦度是守恆的**。

那麼，讓我們把地點限定於北半球，看高緯度地區大氣往低緯度南方移動的情況。

隨著氣流往低緯度地區移動，行星渦度

圖1　β偏移效應說明圖

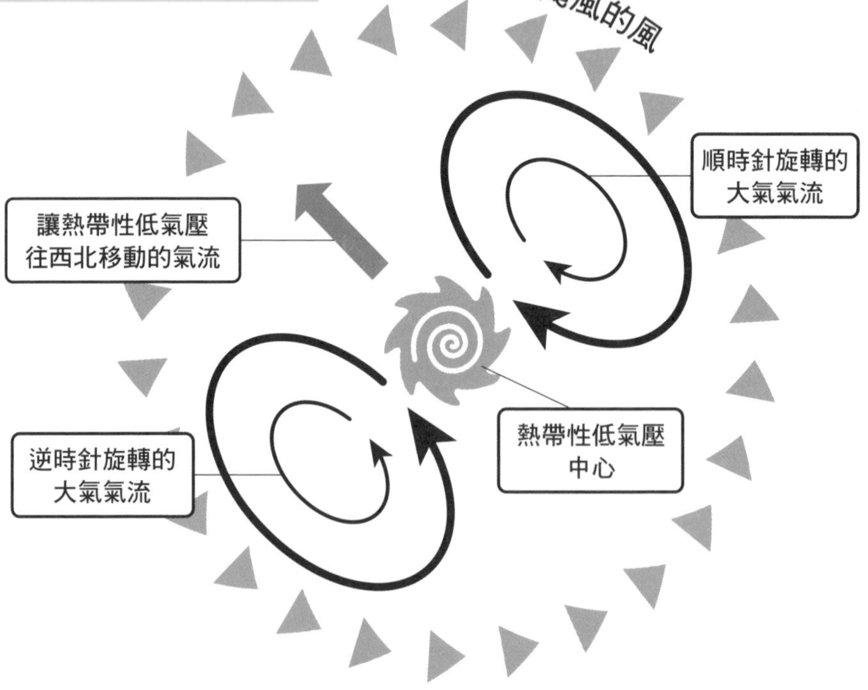

出處：由「β偏移效應，天氣，60」（p133～135）山口宗彥（2013）該篇文章中製成

會變小，因此，為了維持絕對渦度的恆定，相對渦度就必須增加。由於逆時針旋轉的渦度為正，故此時使逆時針旋轉的渦度就會增大。也就是說**在北半球，愈往南走，低氣壓的循環就愈強。**那麼，**當北方空氣往南移時，可以將之視為具有逆時針角動量的氣流。**

反之，**低緯度的空氣往北移動時，帶來的就是具有順時針角動量的氣流。**

颱風的規模相當大，因此，在**颱風西側（北風）及東側（南風）之間，會形成2個這樣的渦旋**，這個力在內部合成後，就形成一股往西北方移動的力。**這個效應稱為β偏移效應（Beta drift），初期颱風在上空風力不強的區域時，就是靠這股力量推動往西北前進（圖1）**。

另外，在環繞世界的洋流當中，黑潮及墨西哥灣流等會在海洋西岸變強的洋流，也可以用β效應來說明。

COLUMN

科里奧利力

在旋轉中物體的上方，筆直前進的物體會受到一股假想力（慣性力）的影響，使運動方向發生偏轉。如圖例所示，在一個逆時針旋轉的圓盤上，A站在中心，朝站在外側邊緣的B投球。投出的球會依箭頭方向筆直前進，但是在球到達B之前，B已經隨圓盤旋轉的方向移動了，所以對B來說，球就會往左方偏移。

另一方面，從投球者的角度A來看，球看起來則像是往右邊偏移。像這種會**讓物體的運動方向看起來產生偏轉的假想力，稱為科里奧利力（偏向力）**。

由於地球也處於自轉狀態，所以低氣壓或高氣壓等大尺度的氣流就會受到影響。不過，地球並非圖中旋轉的圓盤，而是球體，所以科里奧利力還會隨緯度而改變。在緯度愈高的地方，科里奧利力量愈大，緯度愈低的地方則愈小（在赤道地區則不作用）。

從正上方觀看逆時針轉動的圓盤時

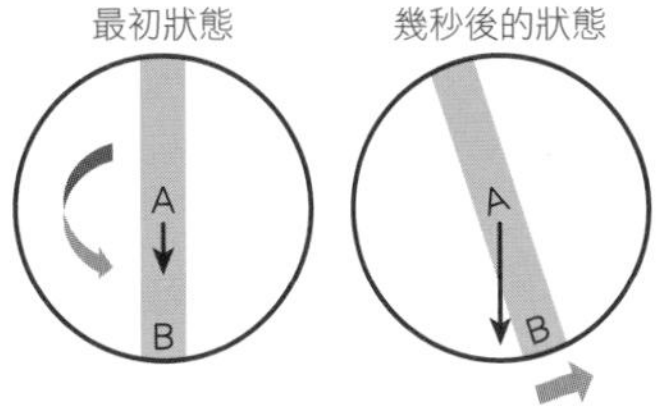

09

PART3 氣象學

為什麼會發生游擊式暴雨？

豪雨增大，降雨日數卻減少的詭異現象

局部性的短暫豪雨，日本稱為游擊式暴雨。但這並非正式氣象用語，應該是在日本媒體的新詞暨流行語大賞中脫穎而出後才逐漸普及。它大概等同於氣象用語中的「集中型豪雨」或「局部性大雨」。因此，游擊式暴雨也沒有明確對應的成因。

不過，如果是短時間的局部性降雨，通常成因都是颱風或強烈的低氣壓、梅雨鋒面所致，或是因地形產生局部上升氣流而增強雨勢，以及夏季的雷雨等。最近也有人指出，因都市化帶來的熱島效應（Urban heat island）產生的上升氣流，也是豪雨增強的原因，但其中的關聯性還不清楚。在筆者看來，因都市化導致瀝青的覆蓋率增加，造成雨水排水不良引發災害，是目前更需要注意的問題。

而近年這種豪雨現象是否愈來愈多了？

日本的氣象廳除了氣象官署外，也在全國設置AMeDAS觀測站（自動氣象數據採集系統，Automated Meteorological Data Acquisition System），用以觀測降雨量。在AMeDAS每小時降雨量超過50mm以上的全年發生次數項目中（統計期間為1976～2017年），每10年就增加20．5次（信心水準99%，具有統計意義）。**最近10年中（2008～2017年）的每年平均發生次數（約238次），比最初統計的10年間（1976～1985年）每年平均發生次數（約174次）增加了1．4倍（圖1），**

但全國單日降雨量1．0mm以上的全年發生次數（降雨天數）卻逐漸減少（圖2）（統計期間為1901～2017年，每100年減少9．7日。信心水準99%，具有統計意義）。由此可見，近年來的降雨模式轉變得較為極端。

至於箇中原因，由於也牽涉到各種自然變動週期的改變，無法輕易給出答案，不過，**地球暖化的影響多少造成了強降雨的頻率增加（降雨模式改變），IPCC也在報告書中指出，這樣的趨勢今後仍會持續下去（在模型預測上亦同）。**

往昔那般引人憂思的綿綿細雨會逐漸減少，轉而成為媲美熱帶風暴的大雨，這樣的變化，或許也會對人們的生活文化帶來影響吧。

圖1　1小時降雨量達50mm以上的全年發生次數

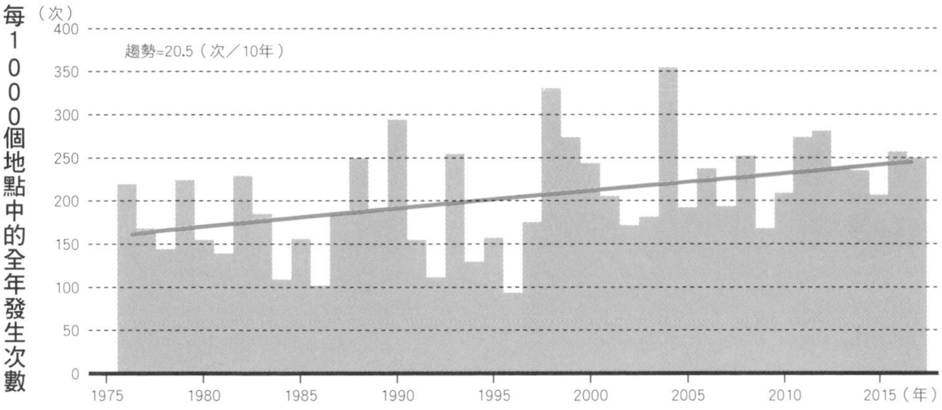

圖2　單日降雨量1.0mm以上的全年天數（51個地點平均）

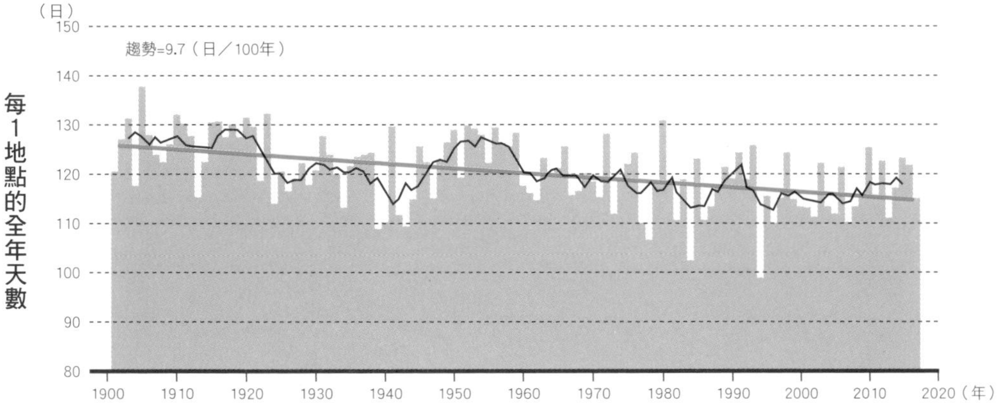

出處：由日本氣象廳HP製成

PART3 氣象學

10 靠近太陽的山上為什麼反而比較冷？

失去熱能的空氣溫度會下降

從地表到宇宙之間的地球上空，溫度是如何分布的？

觀察大氣的一定範圍，可以從地表開始，將大氣分為對流層、平流層、中氣層及增溫層，溫度分布如**圖1**所示。一般而言，受太陽熱能加溫的地球溫度最高，愈往外側則溫度愈低。但**在平流層中，大氣中的臭氧會因吸收紫外線而升溫；在增溫層中，也有氧氣和氮氣等分子會吸收太陽的紫外線及X射線，使得溫度提高**。

那麼就來看看，我們生活的對流層（會發生雲雨等氣象現象、海拔高度約10km左右的範圍內）是什麼狀況。例如眾所周知，在高山上時，明明離太陽比較近，通常溫度卻比低處還低，若要說明其中原理，就要先從氣壓談起。

地球被大氣層包覆，大氣（空氣）本身也有重量，因此，生活**在大氣底層的我們，全身都承受著大氣的重量（壓力＝氣壓）**。至於大氣的壓力大小，**標準大氣壓力為1013hPa（大約為10m水柱）**，可說是相當大。

那麼，想想這個從地表往空中延伸的大氣柱，由於愈往高空的大氣含量愈少，承受的壓力就會愈小（**圖2**），例如在5500m的山上，大氣壓力約只有標高0m地點的一半。換言之，氣壓是平地的一半。

依照熱力學第一定律，施予空氣的熱能，除了可以提高空氣的溫度，也能做為空氣膨脹時作功的能量。因此，假如**空氣並無受熱時，要讓空氣膨脹（稱為絕熱膨脹）所需的能量，就必須由空氣本身攜帶的熱能來提供。**也就是說，**空氣會失去熱能而使溫度下降。**

接著我們來思考，空氣被風從標高較低的平地運往高山的狀況。如前所述，愈往高空走，氣壓就愈低，所以空氣被帶到高處後，其氣壓會比周遭的其他空氣還高。因此這團空氣就會膨脹，導致本身的溫度下降。

如此可知，在氣壓較低的上空，空氣的溫度會比在低地時還低，這就是高山的氣溫比平地低的原因。至於溫度下降的程度，請參考本書「為什麼會發生焚風現象」一節（P82）。

圖1　氣溫的垂直分布

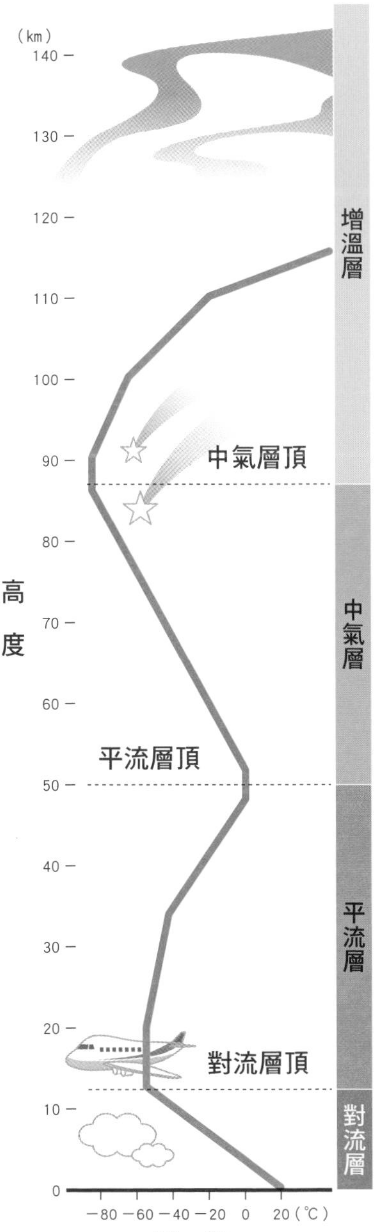

出處：由《地球科學》（p222 圖4）製成，啟林館

圖2　氣壓說明圖

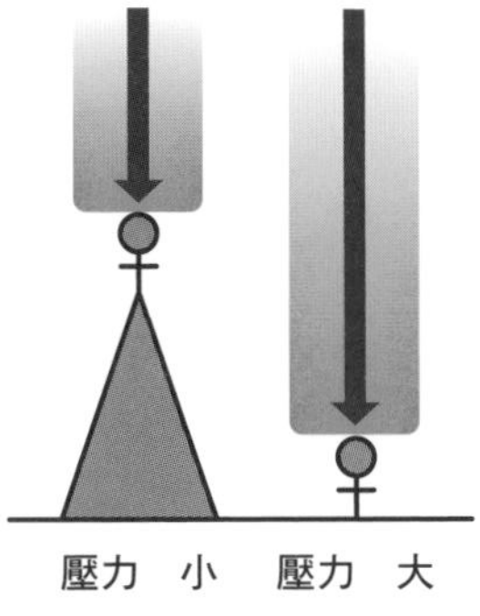

PART3 氣象學

11 雲是如何形成的？

飄浮在空中的雲，就是空氣中飽和的水蒸氣

空氣中的水蒸氣聚集後形成的水滴或冰粒，這些粒子凝結後飄浮在空中，就是雲。空氣中能容納的水蒸氣（氣體）含量是固定的，當超過臨界值後，多餘的水蒸氣就會凝結成水滴（液體）。

空氣中能容納的水蒸氣量，稱為飽和水氣壓，是由溫度高低決定的，**溫度愈高，能夠容納的水蒸氣量愈多**。例如像**圖1**，30℃的空氣飽和水氣壓約為30g／m^3，也就是說，每1m^3的空氣可以容納30g的水。

假設現在有一團30℃的飽和空氣，如果讓空氣降溫到20℃，20℃的飽和水氣壓量約為16.5g／m^3，那麼，每1m^3的空氣就會有約13.5g的水蒸氣凝結成水滴，這些水滴就會變成雲。

愈往高空的溫度會愈低。因此，具有一定含量水蒸氣的空氣到上空後（如焚風現象般，藉由風沿著斜面將空氣強制抬升，或隨低氣壓中的上升氣流而上）溫度會下降，**當空氣中所含的水蒸氣，達到該溫度對應的飽和水氣壓後，就會形成雲**。

然而，以微小的水滴來說，為了維持住小小的表面積而產生的表面張力，會阻礙進一步的凝結，因此，就算比空氣飽和的溫度更低，水蒸氣也無法單靠凝結作用就形成10μm左右的雲滴（半徑0.01mm左右的水滴）。實際上，還需要一個做為凝結中心的核（凝結核），才能讓水蒸氣在此凝結。可做為凝結

核的微粒子（氣膠，Aerosol）包括海鹽粒子、土壤粒子等自然產物，也有煤等人為產物。

雨會因為形成的機制不同，分為冷雨和暖雨（**圖2**）。在積雨雲中形成的冰晶（冰粒）會從過冷水滴中奪取水分，形成雪、霰或雹，並在降落的過程中融化成雨，這就是冷雨。

另一方面，在不含冰晶的雲裡反覆上升、下降，降落速度較快的大顆雲滴，會捕捉小顆雲滴後成長為大雨滴，如此形成的雨就是暖雨。

冷雨特別容易在高緯度上空形成，暖雨則會在低緯度或中緯度地區的溫暖季節形成。

圖1　氣溫與飽和水氣壓

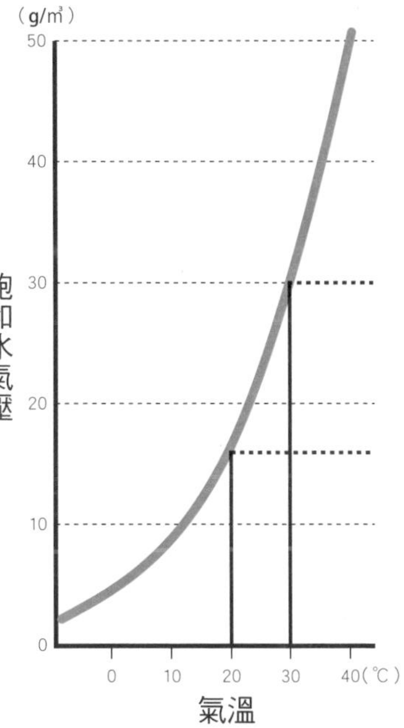

出處：由《地球科學》（p114 圖10）製成，啟林館

圖2　冷雨和暖雨的形成機制

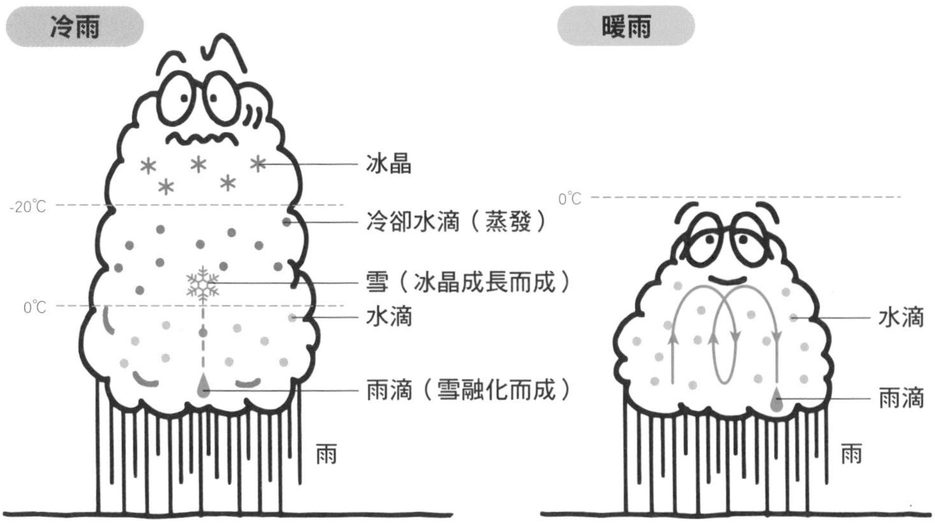

出處：由《地球科學》改訂版（p241）製成，啟林館

PART3 氣象學

12 為什麼會發生龍捲風？

龍捲風又分為超級胞與非超級胞

依照日本氣象廳的定義，**龍捲風就是「隨積雨雲產生的強勁上升氣流所引發的激烈渦漩，通常會伴隨著漏斗狀或柱狀雲出現」**。容易與龍捲風混淆的，還有一種名為塵捲風的旋風，根據氣象廳的定義，**塵捲風是「晴朗的白天時，地表附近的暖空氣上升所產生的渦漩」**，而**旋風則是「風受到周遭地形或建築物的影響，在地表附近發生的渦漩**，出現時間極短，也不會引發災害」。這裡有一個重要的觀念，就是**塵捲風和旋風都不會伴隨出現積雲或積雨雲**。

根據氣象學者小林文明（2004年）的說明，龍捲風可分為「**超級胞龍捲風（Supercell tornado）**」以及「**非超級胞龍捲風（Non-supercell tornado）**」，各自有不同的發生機制（參照本書P96）。**超級胞屬於有組織且發展得很巨大的特殊積雨雲，其特徵是受到風的垂直變化影響，造成積雨雲自身旋轉的現象**。

就像在實驗室看到的模擬龍捲風**（圖1）**的渦漩變化一樣，各位讀者應該也略有所知，花式滑冰選手在旋轉時，首先會把手臂展開，身體慢慢轉動，當手收回來時，旋轉的速度就會加快。箇中原理是當旋轉的量能相同時，若旋轉半徑變小，就能提升旋轉速度。同理，**如果把在地面附近慢慢旋轉的漩渦管（稱為渦流管）以縱向拉長，使其半徑縮小時，速度就會上升，形成高速旋轉的龍捲風**。

在低氣壓等條件下，當氣壓梯度力（由於低氣壓的中心氣壓較低，空氣往中心流動的力就是氣壓梯度力）、科里奧利力與旋轉所帶來的離心力三者平衡時，通常就會起風；但相比之下，龍捲風的水平尺度較小，因此可以忽略科里奧利力，和旋轉風（Cyclostrophic wind）一樣，只要考慮氣壓梯度力及離心力的兩者平衡即可。

之所以可以忽略科里奧利力，是因為不像低氣壓或高氣壓有固定的旋轉方向，**龍捲風可能是順時針旋轉，也可能是逆時針旋轉**。

如果是伴隨著中氣旋（Mesocyclone）的龍捲風，旋轉方向就會與中氣旋相同，也就是說，在北半球大部分會以逆時針方向旋轉。

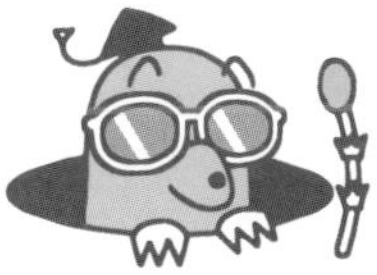

圖1　模擬龍捲風實驗

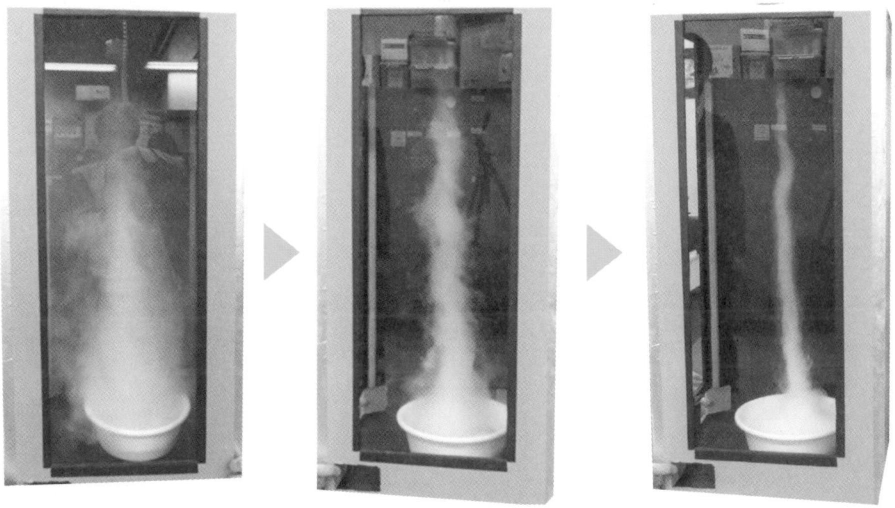

從箱子下方四周圍注入空氣並使之旋轉（製造出渦流），再用吸塵器將氣流以垂直方向拉長（模擬上升氣流）。白色的煙是乾冰。

非超級胞龍捲風

1 地表附近颳起風，形成水平風切。

2 水平風切線上變得不穩定，地表附近形成數個渦漩。

3 發展中的積雲或積雨雲的上升氣流正好經過，和該處的渦漩連結之後，渦漩隨上升氣流往上延伸，形成龍捲風（垂直渦漩）。

水龍捲
2005年在美國佛羅里達州的蓬塔戈爾達（Punta Gorda）（未判明是否屬於超級胞龍捲風）。

超級胞龍捲風

1 積雨雲的雲底下，因垂直風切（風隨高度方向而變化）形成水平渦漩。

2 水平渦漩被積雨雲的強烈上升氣流往上帶，變成垂直渦漩，這就是龍捲風的母氣旋（中氣旋）。

3 由積雨雲形成的冷氣團變成沉降氣流，往下接觸到地面，往水平方向前進的風（外流，Outflow）的前端（陣風鋒面，Gust front）亂流增強，形成渦漩（陣風捲，Gustnado）。

4 此時上空的中氣旋與地表的陣風捲結合，形成了從地面連通至天空的龍捲風。龍捲風中常見的漏斗雲，就是空氣中水蒸氣被龍捲風吸入後，因氣壓急速下降凝結而成，當空氣乾燥時，可能就不會出現漏斗雲。

外表就像普通的雷雨雲，但實際上它正往水平方向大規模旋轉。

PART 4

地質學

~100%PAL
紅杉
藍鯨
單細胞→多細胞
體積增大~100萬倍
埃迪卡拉弧形生物
O_2 <0.1%PAL
(log mm³)
原核生物
原生生物
動物（多細胞）
維管束植物
最大的單細胞生物
格里濡尼亞化石
原核→真核
體積增大~100萬倍
最大的原核生物
生物體積
始太古代
古太古代
中太古代
新太古代
元古代
古元古代
中元古代
原生代
-40
-30
-20

PART4 地質學

01 日本列島是如何形成的？

於2000萬年前誕生，2億5000萬年後消失

日本列島的起源約可追溯至7億年前，但很可惜的是，它也預計會在距今約**2億5000萬年後消失**。由此可知，日本列島大約將留下9億年的歷史。

這9億年間，可大致區分為3大時代，如圖1所示：

①7～5億年前的大西洋型大陸邊緣時代。

②自5億年前開始，到約5000萬年後的太平洋型大陸邊緣時代。

③5000萬年後到2億5000萬年後為止的大陸板塊合併時代。

日本是在約7億年前羅迪尼亞超大陸（Rodinia）分裂時誕生。由於羅迪尼亞大陸分裂，獨立出一塊以現在的中國南部為中心、

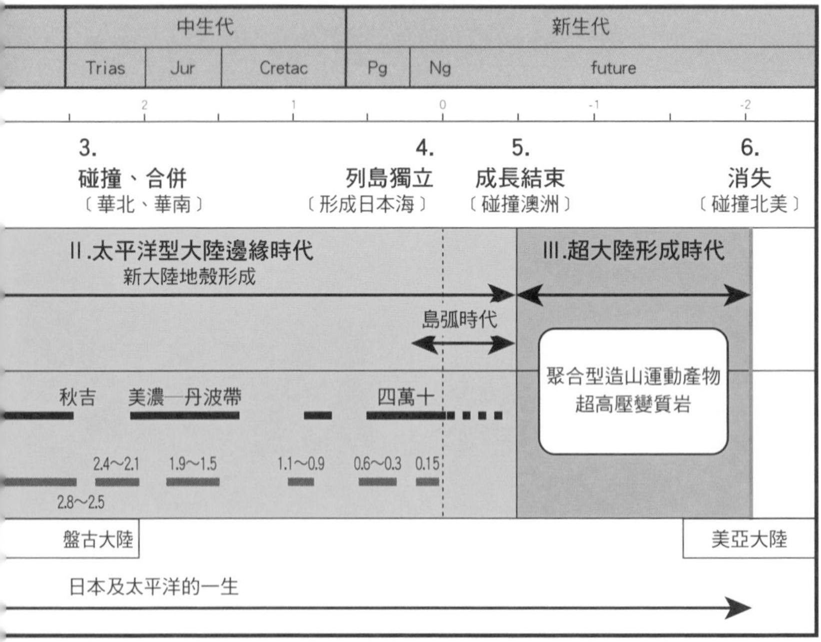

擁有前寒武紀（Precambrian）岩石的大陸板塊（大・華南板塊），而日本就屬於這塊大陸邊緣的一部分（**圖2**）。這個時期，包含日本在內的板塊周圍，都是沒有板塊交界的大陸邊緣，就像現在的大西洋海岸（含紐約及波士頓在內的北美東海岸）一樣。

終於來到5億年前左右，大陸與海洋交界處的板塊開始出現下沉隱沒，日本的臨海側轉變為現在的太平洋型大陸邊緣，基本結構一直維持至今。陸地底下開始發生活躍的岩漿活動，使大陸地殼（花崗岩類）不斷增厚。此外，海溝裡也逐一形成增積岩體（Accretionary wedge）。

增積岩體主要由被帶進海溝的燧石等海洋沉積物，以及從陸地上帶入的泥沙所構成，新的增積岩體會附著在舊的增積岩體下方，因此，切面的堆疊順序與一般地層相反，愈往上愈古老，愈往下愈新。

圖1　日本及太平洋的形成與消失年表

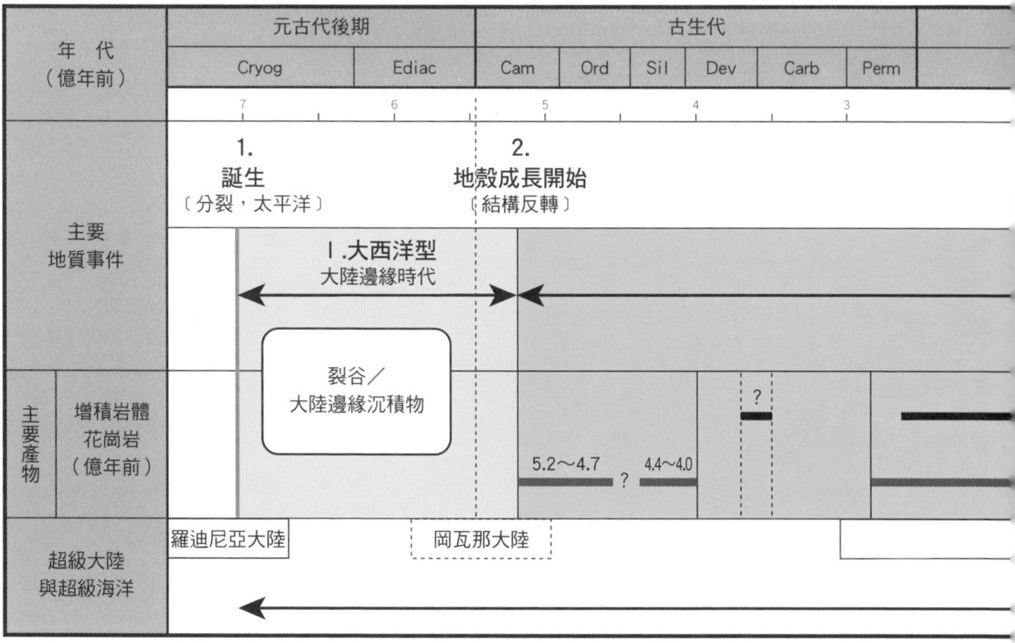

我們現在居住的日本列島地表，就是由過去5億年間形成的花崗岩及增積岩體所構成。2億3000萬年前，華南板塊與構成今天中國北部及朝鮮半島主要部分的華北板塊發生碰撞、合併。隨著這次的板塊運動，日本被納入盤古超大陸的東邊，此後便幾乎固定在歐亞大陸東緣，也就是現今的位置。

然而，**在約2000萬年前，日本所在的部位與大陸之間產生了巨大的裂縫（裂谷），在這個裂谷中誕生了日本海。最後，日本終於從大陸獨立出來，形成現在日本列島的模樣。原本共同生成的西南日本地區及東北日本地區，也於此刻分裂，在中部及關東一帶產生了一道清晰的裂谷，這就是中央地溝帶。**其西側是連接靜岡與新潟縣糸魚川的斷層（糸魚川－靜岡構造線），東側則是利根川中游的地下及茨城縣的棚倉構造線。

如果假設現在板塊運動的趨勢不變，那麼**預計在約5000萬年後，澳洲就會越過赤道北上，破壞巴布亞紐幾內亞及菲律賓群島，並碰撞、擠壓到歐亞大陸的東側，也就是日本列島（圖3）**。屆時，日本就會與原本隔海相望的歐亞大陸合併。

再往後推延**2億5000萬年後，北美大陸推估會與歐亞大陸碰撞、合併，下個世代的美亞超級大陸（即美洲＋亞洲）便就此誕生**。

而過去日本列島所在的位置，就會變成主要大陸之間的聚合交界，形成像阿爾卑斯或喜馬拉雅山脈般的高峰區，太平洋也將隨之閉合消失。

7億年前羅迪尼亞超級
大陸分裂，因而產生了
日本及太平洋。

圖2　日本的起源

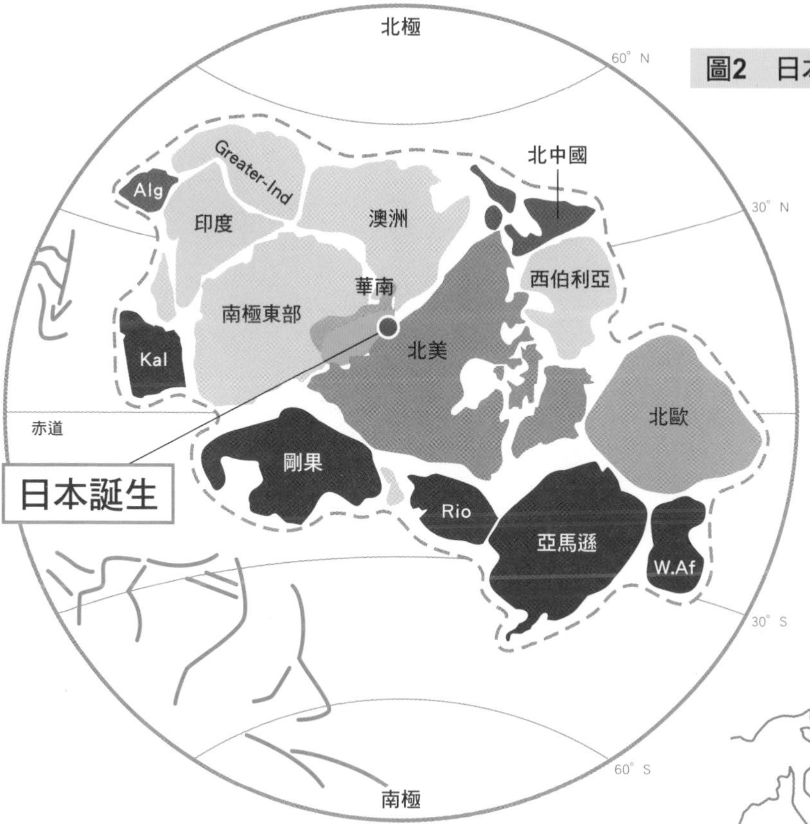

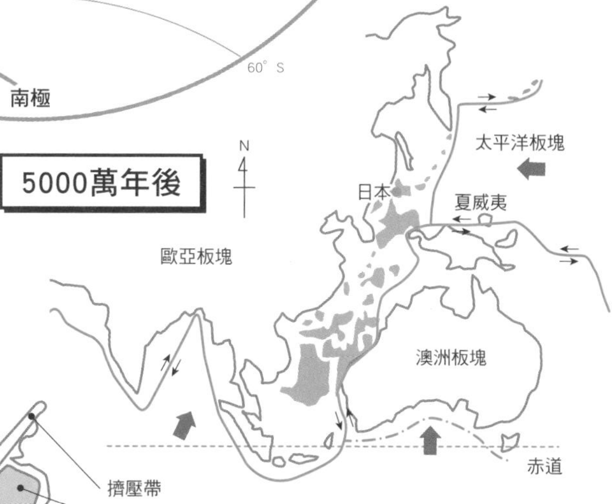

圖3　未來將消失的日本

02 PART4 地質學

岩漿冷卻後會形成寶石嗎？

寶石很難從岩漿中生成，但鑽石是例外

首先，究竟什麼是寶石？

在人類世界裡，擁有高價值的貴重礦物，大致就可稱為寶石。構成寶石的條件有三：

①稀有罕見。

②堅硬不易破壞。

③擁有美麗的結晶。

岩漿冷卻後，形成火成岩的造岩礦物有長石、石英、輝石、橄欖石、角閃石及雲母等，**其中足以成為寶石的是石英及橄欖石**。

以石英來說，必須擁有美麗的六角柱狀結晶（稱為水晶）且呈現多種顏色，才能被視為寶石。例如，紫色的晶石稱為**紫水晶（Amethyst）**，就是寶石的一種。而在橄欖石中，也必須是富含鎂，並呈現美麗橄欖色的大型礦石，才能獲得**貴橄欖石（Peridot）**這個寶石級的命名。

不過，紫水晶不是從岩漿析出的，而是由高溫地下水等物質結晶化而成，貴橄欖石在火山岩中也很罕見。然而，由於地函是由橄欖岩所構成，橄欖岩是一種含有大量橄欖石的粗顆粒深層岩，因此，地函中應該也有很多地方充滿了貴橄欖石。

廣為人知的高價寶石，還包括**紅寶石**、**藍寶石**、**祖母綠**、**翡翠**及**鑽石**等。

主成分為**氧化鋁**且呈現紅色的就是紅寶石（Ruby），藍色的是藍寶石（Sapphire），無色透明的則是**剛玉**（Corundum），三者皆為硬度極高的礦物。

祖母綠（Emerald）是綠色的美麗礦石，屬於含有鈹元素的綠柱石。

翡翠（Jadeite）又稱為輝玉，是輝石的一種，多半帶有綠色，為硬質礦物。**圖1**是鑽石及翡翠發生變質反應的溫度。

鑽石（Diamond）是碳元素在**超高壓條件下形成的礦物**，折射率高，是硬度極高的礦石。以上所介紹的，都會伴隨由高壓形成的變質岩出現，在火成岩裡見不到它們的蹤跡。

唯一的例外是鑽石。鑽石從名為**金伯利岩（Kimberlite）**的火山岩裡生成，這種火山岩來自富含碳酸鹽的特殊岩漿。金伯利岩是**在地函的超高壓環境下，被岩漿一鼓作氣噴出來的**。幾乎所有的鑽石，都是開採自這種金伯利岩。

綜上所述，一般而言，**寶石很難從岩漿中生成**。

圖1　鑽石及翡翠的變質反應溫度

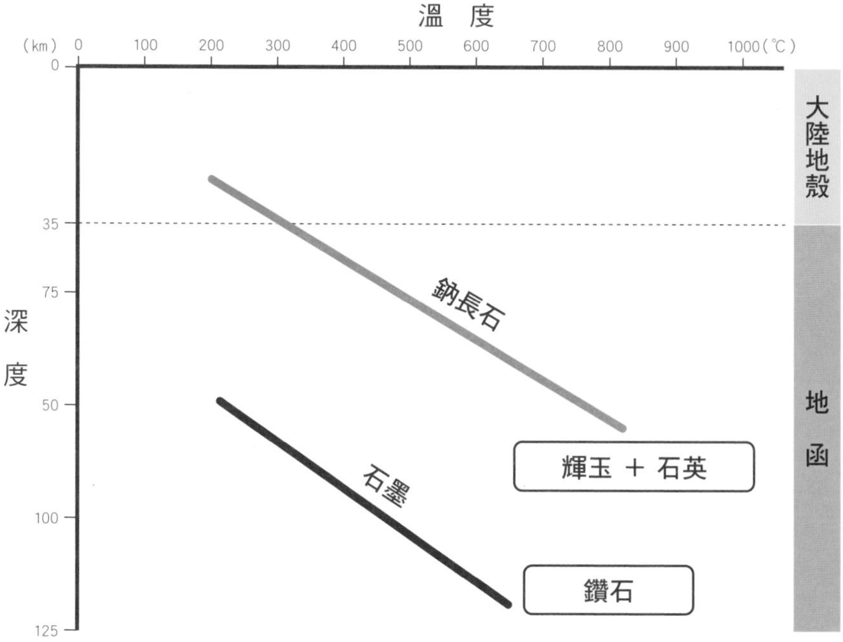

03 地層為什麼可以呈現地球表層的紀錄？

從地層可以解讀地球初期表層環境的變遷

地層到底是什麼呢？

簡單來說，地層就是地底下的岩石層，如果要更詳細地說明，就是以層狀累積的沉積岩。這種層狀堆疊的岩石中，其實隱含了很多訊息。由於**保留了岩石及地層本身形成時的紀錄，可說是探索過去地球的珍貴資料（圖1）**。

尤其是**充滿各種生物活動的地球表層，在復原其過去的模樣時，沉積岩（地層）的紀錄比什麼都重要**。

地層，是既有的地表岩石受到刮削後，被河川搬運並沉積在重力最穩定的海洋（或湖泊、河川）底部而成。由於會依照沉積順序層層堆疊，因此**較厚的連續地層紀錄，就等於是該沉積地點環境變化的連續紀錄（圖2）**。沉積的地層順序，就像井然排列的書籍頁數一樣。

透過**研究各個區域的沉積地層紀錄，就可以探索該地區的環境變遷**。如果將時間尺度拉得更長，甚至還能**解讀地球從初期至今的表層環境變遷史**。

地球的特徵，是在超過40億年的歷史中，行星表層始終存在穩定的液態水。而且在太陽系當中，只有地球擁有這樣長期的表層地層紀錄，更顯珍貴無比。

近年，科學家發現了早期火星曾有流水的痕跡，但存在的期間相當有限。相較之下，火成岩及變質岩雖記載了地球的變化，但紀錄的連續性及精確程度，仍難與地層相比。

圖1　地層留下了過往的形成紀錄，是珍貴的訊息來源

這是房總半島的大規模海底地滑「巨大不整合沉積層」，保留了200萬年前的大地震遺跡，地點靠近安房Green Line和安房白濱隧道。這是400～1000萬年前在水深1500～2000m的深海沉積泥沙，因地層隆起而出現斷裂的深海地層。房總半島近海有因地殼變動而形成的相模海槽，每數百年就會發生一次大地震並造成海底隆起。7000年間約上升了35m，隆起速度為世界最快。

圖2　地層就是環境變化的連續紀錄

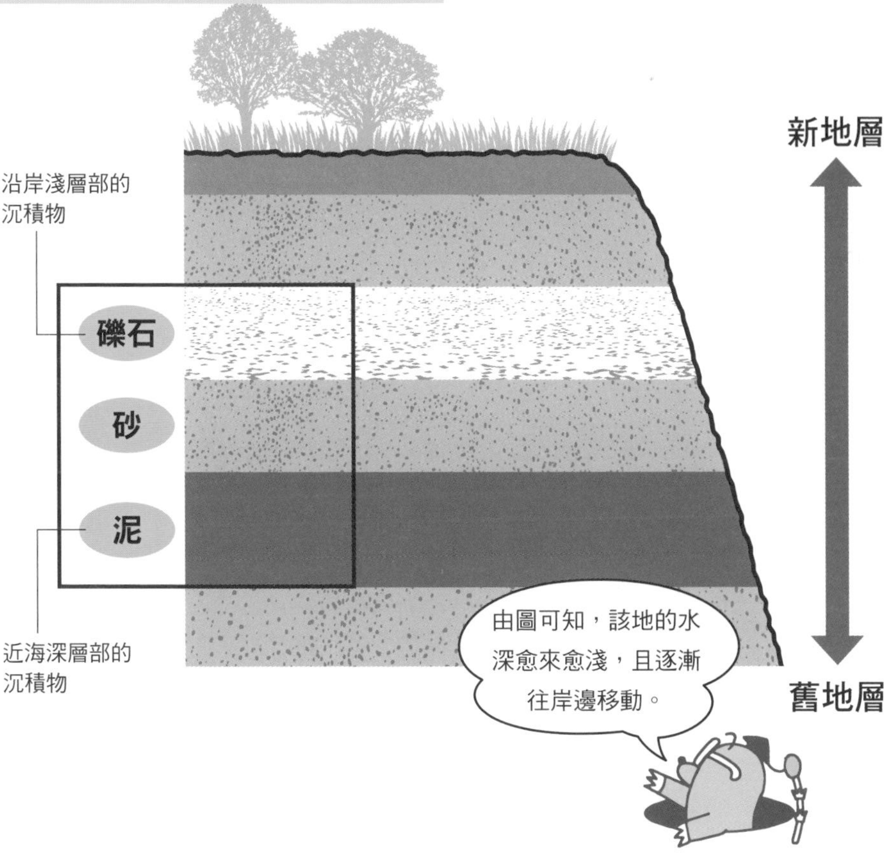

04 透過化石，我們可以知道什麼？

PART4 地質學

地層紀錄是地球歷史最棒的紀錄媒介

所謂化石，指的是所有生存在過去的生物痕跡（**圖1**）。因此，不僅是完整的生物體、骨頭及牙齒等部位，進一步延伸到足跡及巢穴等間接痕跡也包含在內。近年來，即便失去了生物本身的形態，只留下化學物質（有機分子或元素的同位素比值等）的紀錄，也可稱為化學化石。曾經活著的生物體，一旦死後通常就會分解消失，因此，殘存於地層中的化石紀錄便益發珍貴（**圖2**）。

試圖以化石復原過去地球表層環境的研究相當多，但無論何者，都有如以管窺天，且追溯的年代愈古早，難度就愈高。儘管如此，專家們也花了超過200多年的時間搜遍全世界的斷崖，蒐集了許多化石目錄與出土的地層資料。

原則上，化石只會從沉積岩（地層）中產出。如前一節所述，**地層紀錄就是地球歷史的最佳紀錄媒介，因此，沉積的順序就是生物存活期間的順序**。

在專家的努力下，目前已**歸納出與各地質時代相對應的代表性化石清單，現在只要發現特定的化石，就可以由此判斷出地質年代**。最近甚至還**多了放射性年代測定法，只要找到化石，不管是距今幾億或幾千年前的產物，都可以馬上得知**。

此外，**透過與現今生物的生態相互比較，也可以判斷某種化石是沉積在何種環境**。例如珊瑚這種生物，一般都棲息於溫暖的淺海，因此可知過去的珊瑚化石應該也是存在於相同的環境，雙殼貝類化石也可以區分出海水棲或淡水棲兩種狀況。

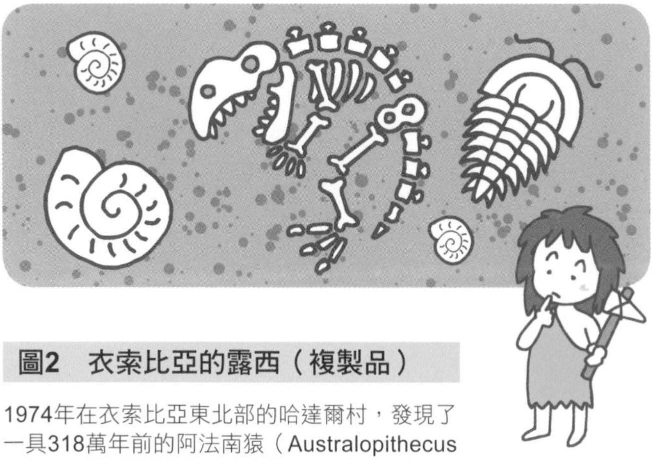

圖2　衣索比亞的露西（複製品）

1974年在衣索比亞東北部的哈達爾村，發現了一具318萬年前的阿法南猿（Australopithecus afarensis）人骨化石，命名為露西（Lucy）。

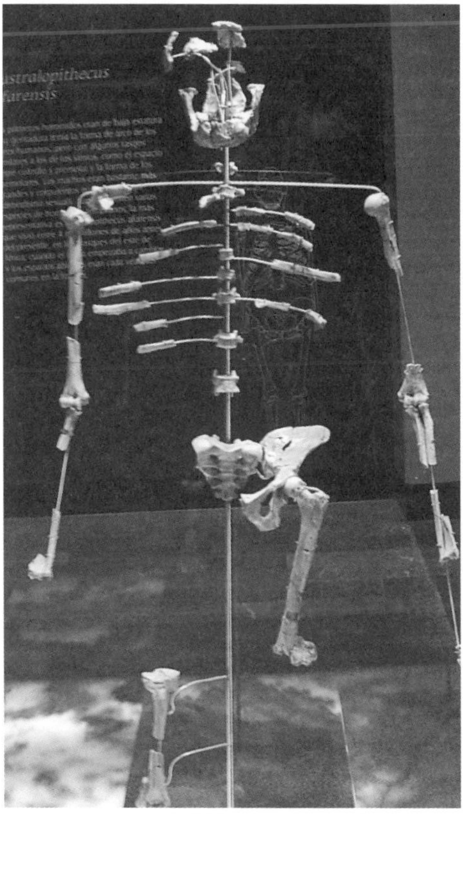

圖1　化石就是生物遺跡的寶庫

化石的其中一種型態・矽化木（木化石）。在漫長的歲月中，因地層壓力造成含矽酸的地下水滲入木頭細胞組織，使木頭轉變為二氧化矽物質，在保留木頭原形的狀態下成為化石。

PART4 地質學

05 日本現在還是「黃金之國吉龐」嗎？

1t的礦石只要含1g黃金，就算是有經濟效益的金礦

過去，日本曾被譽為黃金之國吉龐，有大量的黃金產出。

那麼，金礦是如何開採的呢？

金無法跟其他元素產生化學反應並形成氧化物、硫化物或其他化合物。就算可以和白金或銀製成合金，但原則上它還是以單獨（單質）型態出現。**金在岩石中只有極微小的含量**，但屬於安定性非常高的重元素。

岩石受到風化後，極微量的金被流水搬運出，由於比重大而沉降，混在河砂中成為**砂金**。有鮮少的機會，砂金會聚集固化，形成大型的金塊（Nugget）。

過去，黃金主要就是從砂金中開採的。1848年美國在加州發現金礦時，隔年便出現掏金熱，人們競相開採砂金。順帶一提，當時爭先恐後奔向金礦的人們，又被稱為「四十九礦工（Forty-niners）」。總之，日本首次於東北地方開採到的金礦，也是砂金。

戰國時代以後，改為礦坑開採的模式，也就是在岩石中挖出一條坑道，入內開採金礦。江戶時代的佐渡金山便是知名的礦坑。礦坑開採出來的**金礦，主要都存在於石英脈內**。

當礦脈的裂縫被250℃至100℃的淺溫地熱水填充，就會形成以石英結晶化為主的石英脈。這些石英脈中有時也含有黃金，因此，開採石英脈後，就能將黃金從中分離出來。

最近的業界認為，石英礦中若有1ppm，意即1t（噸）中含有1g的金，就算

是具有開採價值的經濟效益。即使含量相當稀少，開採金礦仍是值得的。在今天的日本，銅、鉛和鋅等礦山的開採不符經濟效益，因此礦坑已全數封閉，唯有部分金礦山的開採作業仍在進行中。

最知名的金山，就屬鹿兒島縣住友金屬礦業的菱刈礦山。這座礦山的開採始於1983年，尚屬年輕，但就在僅僅不到10年的時間裡，**其產金量便已超過江戶時代的佐渡金山**，開採的金礦量相當龐大。菱刈礦山擁有全世界最高品質的金礦，每1t可產出達40g，現在每年仍能開採6t的金礦。

日本除了菱刈礦山外，推測還有很多金礦礦床在地下沉眠。因此，令人意外地，日本現在依然是「黃金之國吉龐」。

位於鹿兒島縣北部的伊佐市。伊佐市不僅擁有知名的伊佐米，更有一座住友金屬工業的菱刈礦山，出產世界屈指可數的高品質金礦。礦山表層覆蓋著第4紀的火山碎屑沉積物，而下方新生代火山岩層中的石英脈裡，就孕育著金礦床。

PART4 地質學

06 不可思議的地景是如何形成的？

以岩石為材料，經自然風化作用而成的藝術

有的岩石像一座圓塔，有的像一片大牆，有的則像顆巨大渾圓的蛋。我們可以經常看到這些由岩石構成的神祕景象。

這般不可思議的大地風景，是如何形成的？

岩石中如果有許多裂縫等不連續面產生，受到風化作用後，就會崩解為小碎塊，無法形成巨塔或高牆。不過，**當岩石呈現均質的塊狀時，就算受到風化作用也不會細碎崩解，得以形成巨塔或高牆般的地形。花崗岩、凝灰岩及砂岩的質地均勻，容易形成大塊狀岩石，**因此經常構成這一類的地景。

花崗岩和砂岩有時也會出現裂縫，這種破裂面沒有相對位移的裂縫，稱為**節理**。風化作用若沿著節理進行，最後會只剩下節理之間的中心部位呈現圓球形，這種風化現象稱為**洋蔥狀風化**。這個狀態下，被風化的砂狀部位如果因侵蝕而剝落，就會留下像大雞蛋一樣的巨石。美國加州的優勝美地峽谷中，聳立著一塊巨大的花崗岩，如陡峭的高牆和巨塔，這個景觀就是冰河侵蝕留下的結果。

如果砂岩或泥岩等較軟

帶有裂縫（節理）的花崗岩。沿著節理風化的結果，便產生出球狀的岩塊。

的沉積岩裂縫中流入岩漿並冷卻凝固，就會形成**板狀岩脈**。堅硬的岩脈很能抵擋風化作用，因此，若周圍較軟的沉積岩被風化侵蝕殆盡，就會留下一面絕壁。

砂岩和泥岩等沉積岩中，岩層堆疊的切面就是層理面。因此，當沉積岩被侵蝕，就會露出條紋圖樣的層理面。

美國西部的大峽谷就是水平沉積的沉積岩層，當河谷深入蝕刻形成崖面後，就呈現出驚人的美麗線條（**圖1**）。

這些奇妙的地景，大多數都是在岩石、水與大氣相互糾纏的風化作用下，以岩石為材料生成，可謂是大自然的藝術品。

節理因風雨等風化作用，產生洋蔥狀風化。

圖1　美國亞利桑那州的大峽谷美景

大峽谷的馬瑟角（Mather Point）。

07

PART4 地質學

盤古大陸（超大陸）與不可思議的大陸分裂？

大陸的誕生與分裂都是板塊構造運動的力量

花崗岩質的**大陸地殼，基本上只會在板塊隱沒帶形成。板塊構造運動從太古代（很可能從冥古代）就開始出現，大陸地殼的形成則可追溯至地球形成初期**。

雖說如此，地球形成的初期，由於地球內部蓄積大量的熱量，地函內的對流相當激烈，因此，推估地表應該還存在很多中洋脊與隱沒帶。

當時形成了很多像現在日本的伊豆、小笠原群島等小規模的大陸地殼，雖然大多數都消失了，但還是有些經過反覆碰撞、聚合，慢慢形成大型陸塊。直到太古代末期（27億年前），熱對流速度下降，便開始形成大型的單一板塊。

有一定大小的陸塊之間相互碰撞、聚合後，大約在19億年前，形成最早的超大陸妮娜（Nena）。其後又反覆歷經了超大陸的形成與分裂，在約**13億年前形成羅迪尼亞超大陸，又在約5億年前形成準超大陸岡瓦那（Gondwana）**。接著來到3億年前，岡瓦那大陸以外的北美、北歐及西伯利亞地塊在北半球碰撞聚合，**最後與南半球的岡瓦那大陸合為一體，形成盤古超大陸（圖1）**。

盤古（Pangaea，圖2）的意思是「全陸地（Pan-gaia）」，由提出大陸飄移學說的知名學者韋格納（Wegener）命名。

大陸漂移的原動力，當然就是板塊構造運動。中洋脊構成的海洋底部經常持續移動，由於地球表面並非無限大，板塊必然會在某時某地發生隱沒現象。一個海域的閉合消失，一定是源於大陸與大陸之間的碰撞。這種**大陸的碰撞聚合如果在同時期發生，就會形成超大陸**。

那麼，已經成形的超大陸為什麼又會分裂？

實際上，這也與板塊隱沒有關。超大陸的形成會讓許多海洋破碎閉合，因此，**超大陸的下方就成為海洋板塊的墓地**。也就是說，**隱沒的海洋板塊會在地函中停留一段時間，之後成為更大的板塊，再一口氣往地函底部下沉。如此一來，原本的空間就會由上升的熱岩漿取而代之，產生上升流（地熱柱，Plume），當熱柱到達表層時，就會開始分裂表層的大陸地殼。**

圖1　超大陸的歷史

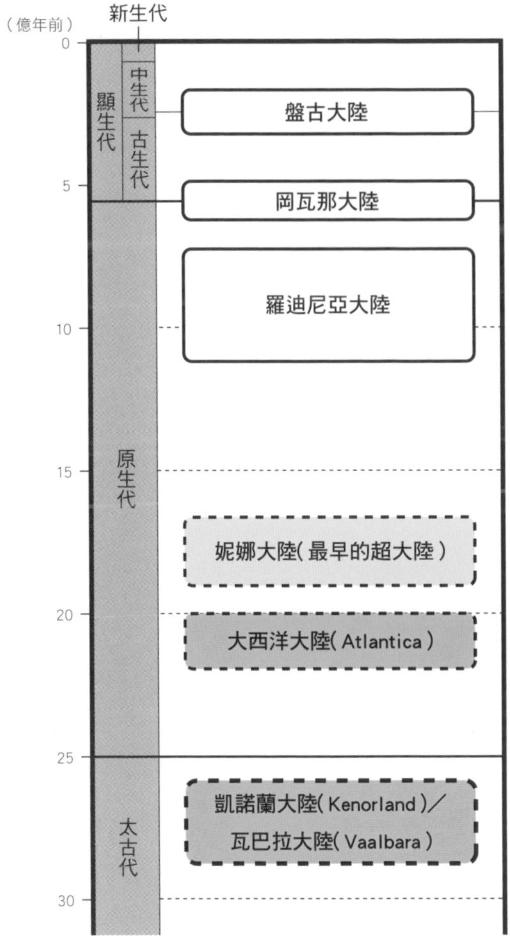

圖2　復原的盤古大陸古地理圖

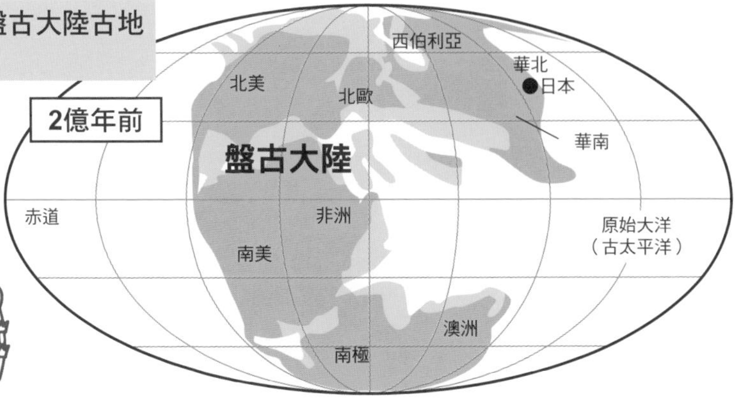

08 曾經有過雪球地球嗎？

整個地球完全冰凍，就是雪球地球

地球歷史中，地表環境曾發生數次重大變化。即使在不遠的過去，同樣有**週期性反覆出現的冰河期及間冰期**，這一點已從南極冰層的研究中獲得證實。

散落在紐約市中央公園裡的大岩塊，也是在冰河時期被廣布的大陸冰蓋運送至此，暖化後就單獨留在原地的漂礫（Erratic）。

氣候冷化（Cooling）對生物造成的影響相當大，有些面臨生存危機，有些則和人類一樣，利用海平面降低的機會，將棲地拓展到南極以外的全世界大陸。那個時期，從兩極延伸出去的冰層，最前端也只到北緯／南緯30度左右而已，赤道區域仍然保持了溫暖的環境。

不過，20世紀末科學家發現，在遠比人類祖先所知的冰河期更早的**前寒武紀時期，地球曾經歷極為驚人的大規模冰凍，而且發生過2次**。從指出赤道區域的古磁性及冰河性地層的研究中，發現約在23億年前及7億年前，除了高緯度地區，連赤道地區也幾乎完全被冰所覆蓋。

如果從當時的宇宙裡遙望，被冰包圍的地球，大概就像一顆漂浮在黑暗宇宙中的雪球。

因此，這種**整個地球冰凍的狀態，就稱為雪球地球（Snowball Earth，圖1）**。

在雪球地球的狀態下，海面全部被冰覆蓋，因此理論上，從陸地搬運過來的泥沙就無法沉積到海底。

不過實際上，在海底的地層中，可以找到從39億年前到現在，幾乎完全無間斷的沉積地層紀錄。換言之，**地球表面應該還是一直有液態水（海洋）存在，海底的地層也持續沉積**。因此，**在地球歷史中，特例的雪球地球狀態只出現過2次**。

有趣的是，這2次的冰凍時期，**大氣層的氧氣濃度都曾出現2階段暴增的現象**。而每次冰凍期一結束，就會有**新的生物出現**。

23億年前的冰凍期之後，就立刻出現了真核生物（Eucaryote）；而7億年前的冰凍期後，像埃迪卡拉生物群（Ediacara fauna）這種尺寸以公尺為單位的大型生物**（圖2）**也紛紛登場。**由此可看出環境劇變與生物進化之間的關係**。

然而，為什麼會出現雪球地球，以及冰凍狀態是否是在短時間內解除，我們知道的依然不多。一般而言，當由大氣層二氧化碳導致的溫室效應減弱時，氣候就會變冷，不過，在雪球地球發生的前寒武紀時代，當時大氣層的二氧化碳濃度應該是現在的數百倍，因此無法解釋雪球地球的產生。

以目前所知而言，有幾種可能性較大的解釋。其中一種假設是，源自超新星爆炸的銀河宇宙射線大量湧入，使地球大氣層形成大量的雲，**長時間遮蔽了日光照射，導致地球表層冷化**；另外一種假設則是，有大規模的暗星雲通過，甚至蘢罩整個太陽系，**星雲的塵粒阻斷了太陽光，造成地球冷化（圖3）**。

雪球地球發生的真相，究竟在哪呢？

圖3　冬季星雲假說

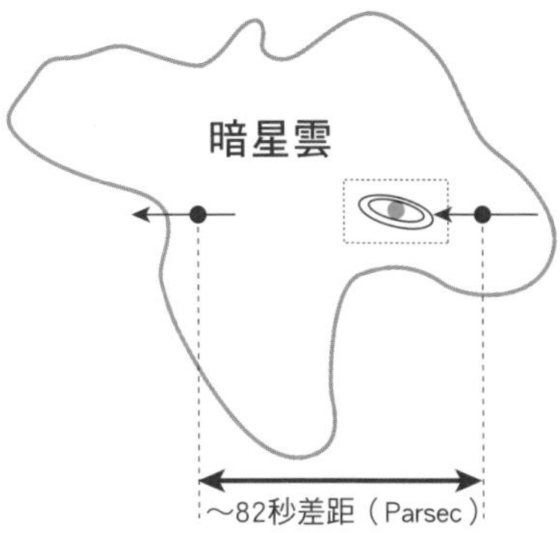

圖1　雪球地球時期的開始與結束

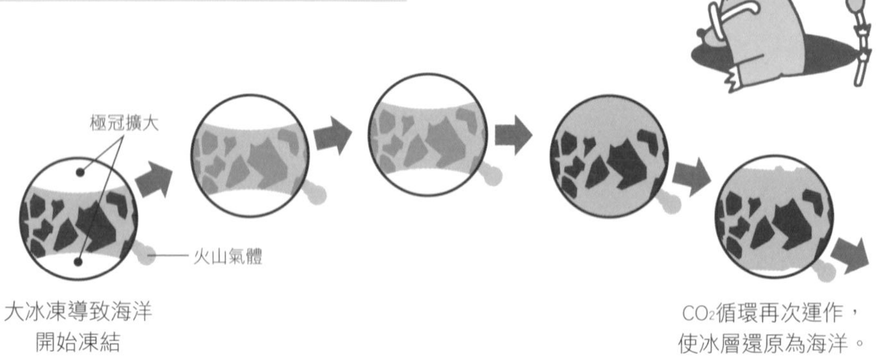
極冠擴大
火山氣體
大冰凍導致海洋
開始凍結
CO2循環再次運作，
使冰層還原為海洋。

圖2　生物體尺寸變化

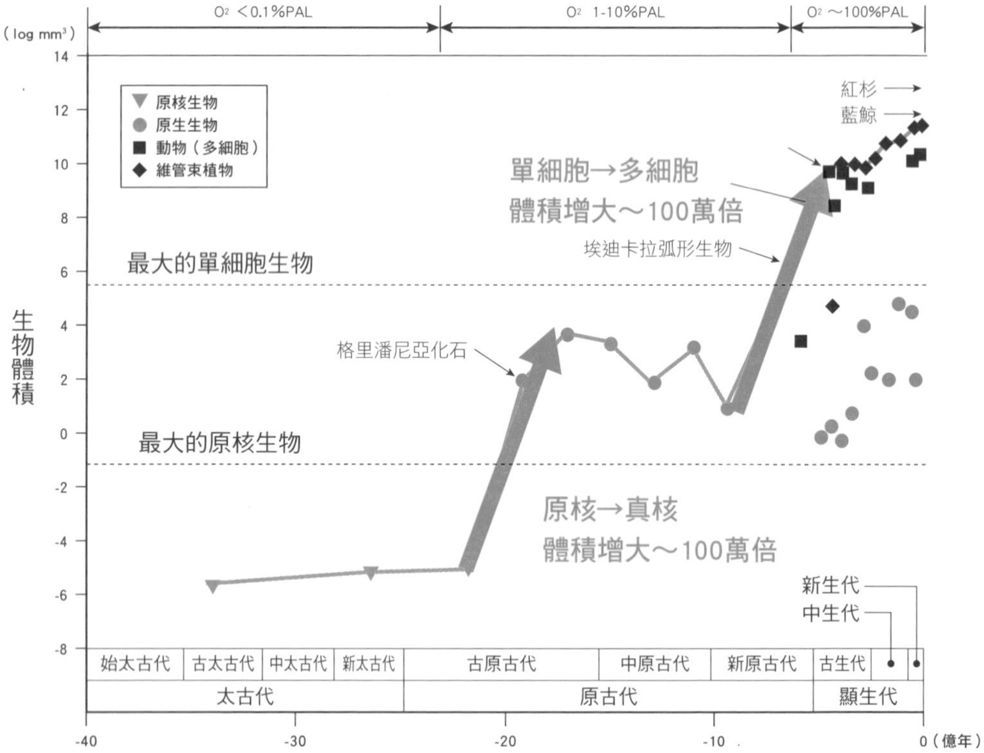
O2 ＜0.1%PAL
O2 1-10%PAL
O2 ～100%PAL
（log mm³）
14
12
10
8
6
4
2
0
-2
-4
-6
-8
生物體積
原核生物
原生生物
動物（多細胞）
維管束植物
紅杉
藍鯨
單細胞→多細胞
體積增大～100萬倍
埃迪卡拉弧形生物
最大的單細胞生物
格里潘尼亞化石
最大的原核生物
原核→真核
體積增大～100萬倍
新生代
中生代
始太古代
古太古代
中太古代
新太古代
古原古代
中原古代
新原古代
古生代
太古代
原古代
顯生代
-40
-30
-20
-10
0（億年）

09

PART4 地質學

史上最大的生物大滅絕發生原因是？

生物大滅絕後，哺乳類誕生

地球長達46億年的歷史中，多種動物同時出現的時期，出現在距今約5億4000萬年前。而其中**大部分的生物，都在約2億5000萬年前，古生代最末的二疊紀時期滅絕**。全球的化石資料紀錄顯示，當時生存於海洋的無脊椎動物約有8成滅絕，陸地上的動物及昆蟲也有7成以上滅絕。

滅絕生物中，最具代表性的就是古生代化石之王三葉蟲，此外，還有古生代珊瑚、腕足類動物及單細胞的紡錘蟲等。這次滅絕的規模是5億年動物史中最龐大的，也是史上最嚴重的大量滅絕（**圖1**）。不過很重要的是，隨後中生代初始的三疊紀時期，**存活下來的動物中出現了最早期的哺乳類，因此，大量滅絕也附帶加速了生物的進化**。

話說從頭，**二疊紀末期的滅絕事件，是分2階段發生的**。第1次發生在二疊紀中期及後期的交界時期（2億6000萬年前），第2次則發生於二疊紀末期。大滅絕發生的原因眾說紛紜，不過至今還沒有定論。

由於目前仍找不到巨大隕石撞擊的證據，因此，**近年來比較廣泛採信的，是歐美學者主張的火山大噴發學說**。

以爆發規模宏大、時間點幾乎跟生物滅絕時期一致等條件來推測，第1次滅絕應該源自中國南部的峨嵋山玄武岩噴發，第2次則是西伯利亞玄武岩噴發。

不過，消失的物種不只在噴發的火山周

圍，是什麼導致全世界生物幾近滅絕，目前還沒有明確的答案。主張火山大噴發學說的學者認為，火山釋出的二氧化碳氣體高濃度地累積在大氣層中，引發超大的溫室效應，導致生物因地球暖化而絕種。雖然主張的學者想強調大滅絕與21世紀環境問題的共通性，但實際上，根據海平面的變化紀錄顯示當時全球為海岸線後退狀態（圖2），代表全球冷化現象，因此無法完整說明大滅絕的事實。

相對於此，**日本學者則主張滅絕的原因來自地球外部，是全球冷化導致了世界多種生物的滅絕**。這個理論與導致恐龍滅絕的隕石撞擊不同，而是由於超新星爆發或活躍星系核（AGN）輻射出的銀河宇宙射線增加，或是因暗星雲撞擊而造成全球冷化。

第一種假設是，等離子化的銀河宇宙射線中，高能量粒子（電子、質子、氦原子核等）使地球大氣分子帶電，變成雲的凝結核，因此讓覆蓋地球上空的雲量增加，進而引發地球冷化。地球及太陽的磁場，雖然具有阻擋宇宙射線湧入的磁屏效果，但如果地球內部的金屬地核（尤其是由液態鐵構成的外核）對流模式改變，磁場的強度就會下降，使得大量銀河宇宙射線湧入地球大氣層。

第二種理論認為，當太陽系遇上暗星雲（規模可包覆整個太陽系）時，其無數微小粒子可能會屏蔽太陽光，引發地球冷化。

最近，在日本一處沉積於古生代末期、生物即將大滅絕前的地層中，檢測出（難以想像是地球物質的）異常高的氦同位素比值。科學家認為這些物質並非來自巨大隕石撞擊，而是大量微粒子（宇宙塵）掉落的證據，支持了第二種假設理論。

二疊紀的地質調查

在阿拉伯半島東部的阿曼進行的P-T（二疊紀～三疊紀）交界層研究。

出處：東京大學研究所綜合文化研究科廣域科學系廣域系統科學組「磯崎研究室」

圖1　顯生代（古生代～新生代）海洋生物的多樣性（生物分類為屬層級）

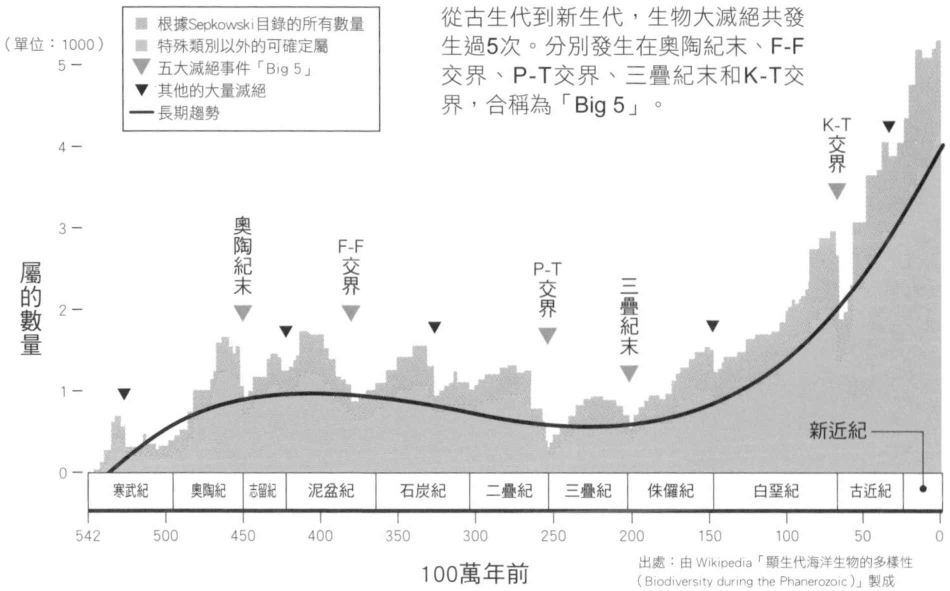

從古生代到新生代，生物大滅絕共發生過5次。分別發生在奧陶紀末、F-F交界、P-T交界、三疊紀末和K-T交界，合稱為「Big 5」。

出處：由Wikipedia「顯生代海洋生物的多樣性（Biodiversity during the Phanerozoic）」製成

圖2　5億年間海平面的變化

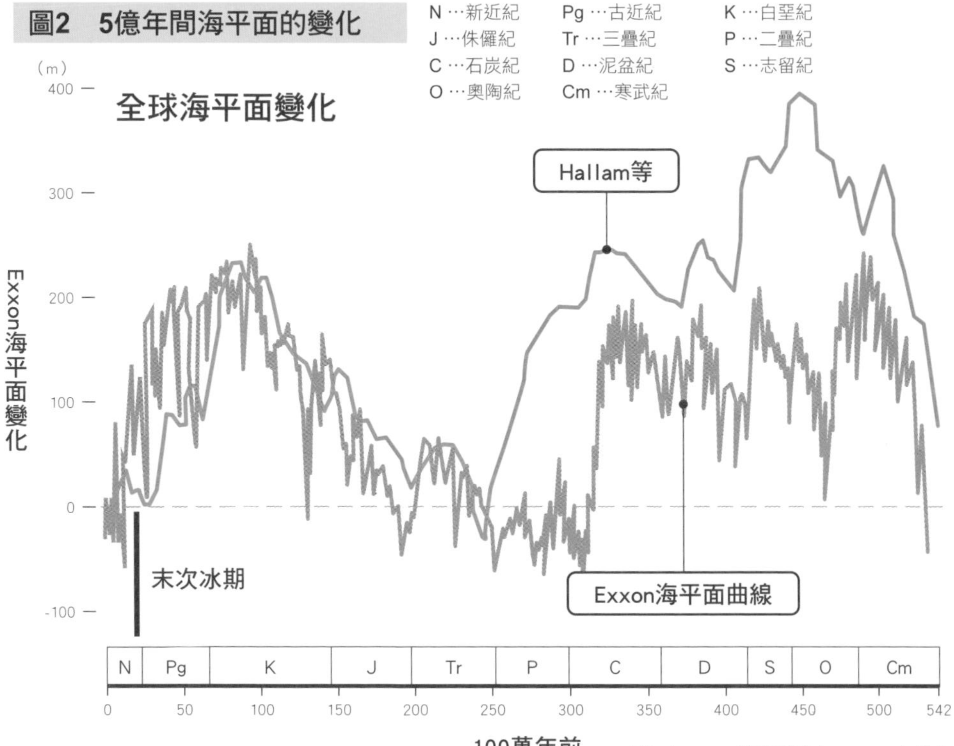

出處：由Wikipedia「海平面變化（Sea level rise）」製成

10 白堊紀末的恐龍滅絕真相是？

PART4 地質學

隕石撞擊帶來的暗星雲是最大原因嗎？

距今約**6600萬年前，曾在中生代蓬勃一時的恐龍滅絕了**。同時，海洋裡的菊石、有孔蟲等具有石灰質外殼的單細胞生物（沖繩特產中的星砂也屬同類）也消滅了。與二疊紀末的大滅絕相比，這次的規模小很多，但恐龍的滅絕，是隨後的新生代哺乳類動物得以大幅躍進的契機。

關於**恐龍滅絕的原因，其中一個知名的假說，是直徑10km左右的隕石墜落**。最早出現的證據，是在滅絕時期沉積的地層中，發現濃度很高、且幾乎不存在地球表層的銥元素（鉑系金屬元素之一）。後來在墨西哥猶加敦半島的西北方，確實也發現地底下埋有一個直徑200km的巨型撞擊隕石坑，生成時間與恐龍滅絕時代完全符合（圖1）。

直徑10km，就相當於東京環狀山手線囊括的所有面積，接近3倍富士山（3776m）的高度。這麼大的隕石以超高速撞擊地表，撞擊點（Ground zero）附近的生物當然會全部滅亡，但地球其他地區又受到了什麼樣的危害呢？

同時期在陸地上沉積的地層中，發現含有大量煤礦。科學家認為，這是**隕石撞擊時，超高溫熱浪引起大規模森林火災的證據**。除此之外，包含猶加敦半島在內，加勒比海沿岸的同年代地層中也發現了巨大的海嘯沉積物，

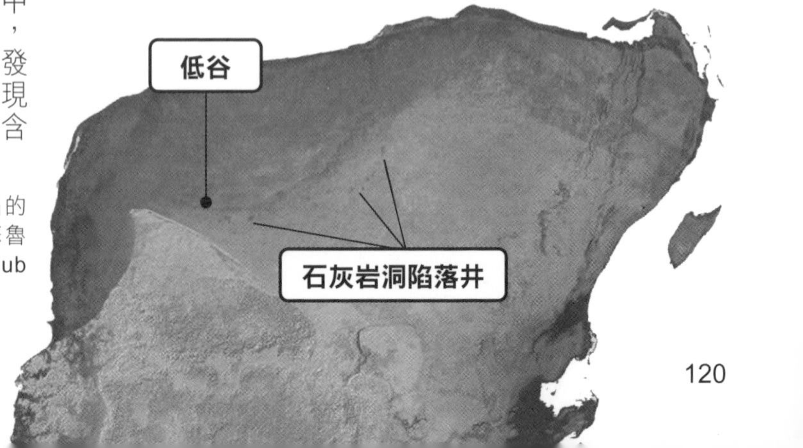

因巨大隕石而凹陷的猶加敦半島希克蘇魯伯隕石坑（Chicxulub crater）

因此推測**當時的地球，可能全世界都面臨長達數週的巨大海嘯侵襲**。

另外，隕石掉落的地點周邊，發現大量撞擊前沉積於淺海地層的石膏等硫化物礦物，故推測可能**由於撞擊時的高溫，使這些硫化物蒸發並與大氣中的水蒸氣化合，在周邊降下了硫酸雨（酸雨）**。

如此一來，巨型隕石的撞擊成為導火線，使得海洋及陸地均產生大規模環境改變，引發了恐龍等生物的大滅絕。

不過，科學家最近重新檢視這項假說，發現在隕石墜落的白堊紀末期前，就已經有銥元素開始湧入地球，因此**有人指出，單純的隕石墜落，可能不是造成滅絕的主要原因**。看來，或許就和2億5000萬年前的二疊**紀末期一樣，恐龍滅絕時可能同樣遇上暗星雲的襲罩，而巨大隕石撞擊只是故事的最後一幕罷了**。

圖1　墨西哥猶加敦半島的巨型隕石坑及海嘯沉積物

11 PART4 地質學

產氧光合作用的起源是？

大氣中的氧濃度急速增加，構成地球特有的大氣層

可以由單純的無機物生成複雜的有機物，是生物的重要特徵。甲烷發酵是最原始的過程之一，至少在**39億年前就已經透過某種生物製造出有機物**。之後出現的光合作用，是比甲烷發酵更複雜的生化反應，而且合成有機物的效率也遠超過甲烷發酵。不過，**光合作用具體出現在地球史的哪個年代，目前尚無定論**。

光合作用是利用太陽光將水電解，再利用分離出的電子，使二氧化碳轉變為有機物質。不過，最早的光合作用並不會產生氧氣。

原核生物（細菌）在體內獨立演化出特殊的化學過程（專業領域中稱為光系統I和II），經過二次結合後，最終才發展為更有效率的產氧光合作用。不過，**進行光合作用的細菌，不見得都是以製造氧氣為目的**。對它們來說，氧氣是光合作用後排出的廢棄物。**最早發展出產氧能力的，是屬於原核生物的藍藻（藍菌，又稱藍綠藻）**。最古老的證據發現於27億年前的地層裡。

現代的藍藻會形成蕈傘狀的菌落，稱為**疊層石（圖1）**。27億年前的世界各地地層中，幾乎都殘存和疊層石形狀相似的化石，顯示當時的地表，光合作用相當旺盛。

不過，只靠光合作用增加，還不足以使大氣的氧濃度增長。有機物所構成的生物體屬於還原物質，當生物死後，身體就會腐壞。腐壞和緩慢燃燒相同，就是透過與大氣或海

水裡的氧氣反應而氧化，如此而已。因此，如果所有的屍體都完全氧化，那只會全部回到原點，之前經**光合作用產生的氧氣將被全數消耗，轉變回二氧化碳**。

所幸，生物的屍體經常會留存在地層中，免於暴露在大氣或海洋的氧氣下而氧化。**保存於地層中的有機物愈多，大氣中剩下的氧就愈多**，大氣的氧濃度就會增加。**地球過去曾充滿高濃度的大氣二氧化碳（現在的100萬倍以上），經過大量消耗後，才驟降至目前約300～400ppm的狀態**。相對地，**大氣中的氧氣濃度急速增加（圖2）**，形成地球獨有的特殊大氣結構。

我們所使用的有機碳化石（煤炭、石油、天然氣），其實就是現代大氣層高氧濃度的鏡像，映照出地球曾經充滿二氧化碳的過去。

圖1　疊層石

藍藻會形成蕈傘狀的菌落。

圖2　大氣的氧濃度急速增加

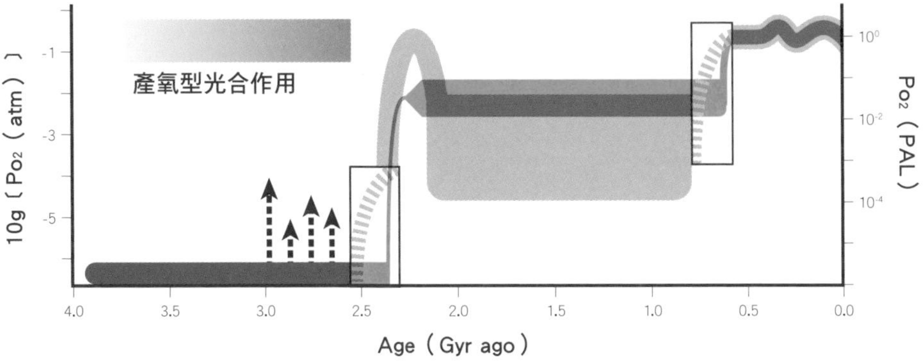

12 為什麼地球上有這麼多種岩石呢？

地球是一間持續產出各種岩石的工廠

石頭（岩石）是組成大地的物質，也存在我們的日常周遭。看似平凡無奇，但如果仔細觀察河邊的石頭，就會發現岩石的種類其實相當豐富。

為什麼地球上會有這麼多種岩石呢？

太陽系的星球，可分為較靠近太陽的**類地行星**，以及較靠外側的**氣態行星（類木行星）和冰質巨行星（類天王行星）**。

類地行星主要由鐵、鎂、矽、氧等重元素構成，是**密度較高的行星**。行星的構造像雞蛋一樣，有蛋黃、蛋白及蛋殼，蛋黃區域就是**地核**，蛋白是**地函**，蛋殼則相當於**地殼**。

地核由**重鐵金屬**構成，周圍是由鎂、矽和氧構成的地函，表層部分則以矽、氧、鋁和鈉等元素為主，構成薄薄的地殼。以矽和氧為主體，再加上鐵、鎂、鋁、鈉、鈣等元素形成的物質，稱為**矽酸鹽**，而**地函和地殼就是由這種矽酸鹽構成。矽酸鹽的結晶又稱為造岩礦物，而造岩礦物的集合體就是岩石**。

類地行星中的水星、金星、月球、火星，以及探測機隼鳥2號於2019年2月22日成功著陸的小行星「龍宮」等，都是由這種岩石所組成。

如果岩石在地殼深處或在地函熔融，就會形成岩漿（熔融的岩石）。由於地表溫度較低，噴發出來的岩漿會急速冷卻凝固，形成由細粒結晶及玻璃構成的**火山岩**。熔岩或火山灰的凝固體稱為**凝灰岩**，也是火山岩之一。

岩漿慢慢冷卻後，會形成由粗粒結晶構成的**深成岩**，**花崗岩**就是一種代表性的深成岩。

這些由岩漿形成的岩石，都叫**火成岩**。在地球創造初期，整個地球都是熔融的岩漿海，之後才從表面開始慢慢冷卻凝固，因此，**地球表層最早形成的岩石就是火成岩**。

由岩石構成的地函及地殼屬於岩石圈，而在岩石圈外，則是主要由液態水構成的水圈，以及由氮及氧等氣體構成的大氣圈。水圈和大氣圈接收到太陽熱能後會進行對流，水蒸發後從地表上升形成雲，而雨水則從雲落下到地表。落在岩石地表的水匯集成為流水，最終形成河川、流入海洋。落在地表的水會與構成岩石的造岩礦物起化學反應，產生由細粒礦物構成的**黏土礦物**，這就稱為**化學風化作用**。

黏土礦物被流水搬運到湖泊或海洋，沉積後形成泥土，泥土硬化後就是**泥岩**。在這種沉積作用下形成的岩石，稱為**沉積岩**。

因太陽熱度升溫膨脹，在夜間又冷卻收縮，如此反覆之下，組成岩石的礦物就會崩解，變成細小的粒子，這就叫做**物理風化作用**。

崩解的小粒子被流水搬運到湖泊或海底，沉積後變成**砂（砂岩）**，砂粒也會被風搬運，在乾燥地區形成沙漠。這樣的砂粒膠結硬化後，就形成砂岩。如果是比砂粒大的岩塊被流水或風搬運、沉積滯留並膠結，就會形成**礫岩**。泥岩、砂岩和礫岩，統稱為**碎屑沉積岩**。

除了碎屑沉積岩以外，也有其他因**生物**或**化學作用**形成的沉積岩。由碳酸鈣形成的珊瑚礁膠結後，就形成**石灰岩**。而沉積於深海、擁有矽酸外殼的浮游生物放射蟲，其屍體膠結後會形成**燧石**。這些就叫做**生物型沉積岩**。

此外，在沙漠等乾燥地區，當湖水或內陸海蒸發後，就會產生岩鹽、石膏或石灰石等**蒸發岩**。蒸發岩又可稱為**化學型沉積岩**。

日本列島常見的石灰岩及燧石，就是來自海洋板塊上的火山島珊瑚礁形成的石灰岩，以及沉積於深海海底的燧石，**它們與板塊一起隱沒時被剝離，再附著於大陸板塊上**。若在板塊隱沒或碰撞等地殼變動下，使沉積岩被帶到地底深處，就會因為地球內部的熱度及壓力生成新的礦物（這個過程稱為再結晶），變成其他種類的岩石，這就是**變質岩**。

地殼變動之際，在大量的剪力（偏壓）作用下，變質岩就會形成一片片易剝離的**結晶片岩**。結晶較大且排列成條狀紋路的就稱為**片麻岩**。

如上所述，在太陽能的作用下，水圈及大氣圈在岩石圈裡相互作用形成沉積岩，又因地球內部的熱能創造出火成岩及變質岩，這就是為什麼地球自誕生以來，會擁有如此豐富多樣的岩石。**地球在太陽能與內部能量的運作下，現在也依然是一間生產不懈的岩**石工廠（圖1）。

圖1　岩石生成的循環

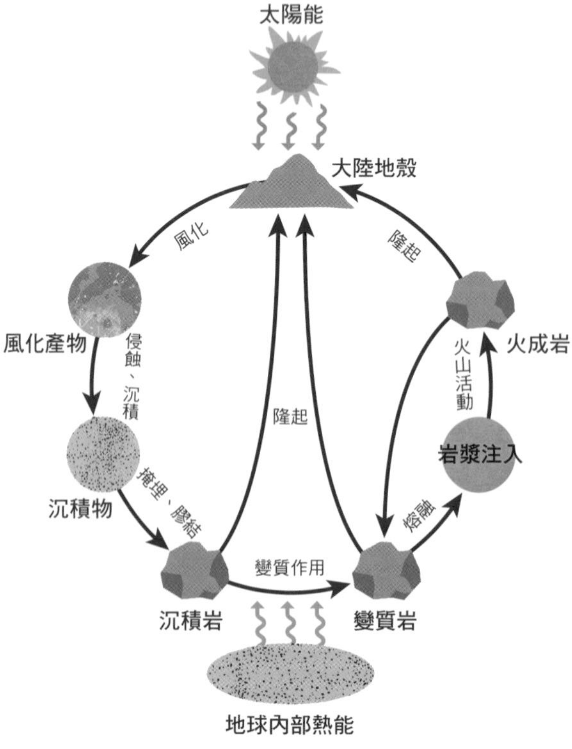

知的！167

趣味地球科學

宇宙、地球、火山、地震、氣象、地質
——用地球科學解讀身邊熟悉的現象！

作者	高橋正樹、栗田 敬、鵜川元雄、加藤央之、磯崎行雄
內文圖版	室井明浩（studio EYE'S）
譯者	盧宛瑜
編輯	吳雨書
校對	吳雨書、黃姿瑋
封面設計	陳語萱
美術設計	曾麗香
創辦人	陳銘民
發行所	晨星出版有限公司 407台中市西屯區工業30路1號1樓 TEL：04-23595820　FAX：04-23550581 行政院新聞局局版台業字第2500號
法律顧問	陳思成律師
初版	西元2020年8月15日　初版1刷
總經銷	知己圖書股份有限公司 106台北市大安區辛亥路一段30號9樓 TEL：02-23672044 / 23672047　FAX：02-23635741 407台中市西屯區工業30路1號1樓 TEL：04-23595819　FAX：04-23595493 E-mail：service@morningstar.com.tw 網路書店 http://www.morningstar.com.tw
訂購專線	02-23672044
郵政劃撥	15060393（知己圖書股份有限公司）
印刷	上好印刷股份有限公司

定價350元

ISBN 978-986-5529-35-2
"NEMURENAKUNARUHODO OMOSHIROI ZUKAI CHIGAKU NO HANASHI"
by Masaki Takahashi, Kei Kurita, Motoo Ukawa, Hisashi Kato, Yukio Isozaki

First published in Japan by NIHONBUNGEISHA Co., Ltd., Tokyo

This Traditional Chinese edition is published by arrangement with NIHONBUNGEISHA Co., Ltd., Tokyo in care of Tuttle-Mori Agency, Inc., Tokyo through Future View Technology Ltd., Taipei.

國家圖書館出版品預行編目資料

趣味地球科學：宇宙、地球、火山、地震、氣象、地質——用地球科學解讀身邊熟悉的現象！／高橋正樹等著；盧宛瑜譯.
— 初版. — 臺中市：晨星, 2020.08
面；公分. —（知的！；167）

譯自：図解 地学の話

ISBN 978-986-5529-35-2（平裝）

1.地球科學

350　　109009436